本书的出版得到以下资助：
石河子大学哲学社会科学优秀学术著作出版基金
石河子大学"中央财政支持地方高校改革发展资金"重点学科项目
石河子大学"部省合建"项目工商管理学科
石河子大学农业现代化研究中心

经济管理学术文库·经济类

农田林网生态效能与持续经营研究
——基于新疆的考察

Research on the Ecological Efficiency and
Sustainable Management of Farmland Forest Networks
—A Study Based on Xinjiang

张红丽　马卫刚／著

经济管理出版社
ECONOMY & MANAGEMENT PUBLISHING HOUSE

图书在版编目（CIP）数据

农田林网生态效能与持续经营研究：基于新疆的考察/张红丽，马卫刚著 . —北京：经济管理出版社，2022. 4
ISBN 978 - 7 - 5096 - 8374 - 3

Ⅰ. ①农…　Ⅱ. ①张…　②马…　Ⅲ. ①农田防护林—建设—研究—新疆　Ⅳ. ①S727. 24

中国版本图书馆 CIP 数据核字（2022）第 060839 号

组稿编辑：张巧梅
责任编辑：郭　飞
责任印制：黄章平
责任校对：董杉珊

出版发行：经济管理出版社
　　　　　（北京市海淀区北蜂窝 8 号中雅大厦 A 座 11 层　100038）
网　　址：www. E - mp. com. cn
电　　话：（010）51915602
印　　刷：唐山玺诚印务有限公司
经　　销：新华书店
开　　本：720mm × 1000mm/16
印　　张：12
字　　数：165 千字
版　　次：2022 年 4 月第 1 版　　2022 年 4 月第 1 次印刷
书　　号：ISBN 978 - 7 - 5096 - 8374 - 3
定　　价：88. 00 元

前　言

随着经济的不断发展，新疆等生态脆弱区面临难得的发展机遇，但区域自然条件恶劣、极端天气频发、气候干旱，使农田生态环境逐渐变得脆弱。现今由于生态环境与土壤状况持续恶化，干旱、风沙、干热风等自然灾害频发，生态系统服务功能不断减弱，农田生态系统生产持续下降，影响着新疆各城市的发展及各族人民的生产和生活，使人们意识到生态环境保护与农牧业生产同各族人民的生产和生活之间有着不可分割的联系，从而加强了人们对农田防护林建设的重视程度。以前新疆农田防护林的经营主体主要是集体（由县、乡、村政府代理），随着农田规模化经营、条田整治、耕地置换等政策的实施，加之农村区域经济的不尽合理发展，毁林毁草、开荒移地以及农户经营思想的僵化和资源的不尽合理配置，经营管理呈现粗放、僵化的状态。

本书在大量研究的基础上，对新疆农田防护林生态服务功能进行定性分析，并运用经济学方法对新疆农田防护林生态服务价值进行定量研究，通过分析和计算新疆农田防护林作物增产、防风固沙、水源涵养、保育土壤、改善小气候、固碳释氧、积累营养物质等多种价值，使人们了解农田防护林所带来的生态服务功能，并且让人们更为直观地看到农田防护林为农业乃至区域生态环境带来的隐性生态经济收益，以此让人们意识到农田防护林的建设、经营和管护的重要性，从而提高政府对于农田防护林的重视程度以及农户承包、经营、管护农田防护林的积极性。通过对不同县域农田防护林生态效益的比较，分析其区域差异因素。同时，通过对新疆 1106 户农户进行访谈和问卷调查，分析当前农户经营农田防护林的现状、实现可持续发展的制约因素，构建梳理模型，并采用多种实证分析方法（Logistic、ism、SEM 等）对农户行为进行深入解析与讨论，研究发现：

第一，新疆农田防护林生态系统服务七大功能的总价值 2014 年达 1660393.04 万元，各种服务功能的价值大小排序为"作物增产价值＞固碳释氧＞防风固沙＞直接经济价值＞保育土壤＞积累营养物质＞改善小气候＞涵养水源"，总体价值偏低；各地区农田防护林生态总价值排序为"喀什＞阿克苏＞和田＞塔城＞巴音郭楞蒙古自治州＞伊犁州直属＞昌吉回族自治州＞阿勒泰＞克孜勒苏柯尔克孜自治州＞克拉玛依＞博尔塔拉蒙古自治州＞吐鲁番＞哈密＞乌鲁木齐"。从地理划分区域角度来看，南疆农田防护林各生态服务价值普遍高于北疆；从行政划分区域角度来看，洛浦县的农田防护林各生态价值均处于较高水平，伊犁州直属、奎屯、巴里坤等地生态价值均处于较低水平。

第二，通过农田防护林经济属性与实地调查发现，新疆各地政府积极引导农户经营农田防护林，然而受制于良莠不齐的知识水平及"有限理性"思想，农户的经营行为较多未响应，而抑制农户经营行为响应存在以下主要问题：①农户的认知水平限制。②农户的承包积极性不足，承包面积、规模不足。③农户经营农田防护林的收益不足，相关农业补贴、生态补偿不足。农户经营意愿与行为的不一致表现出农户的"高意愿、低行为"特点。运用 Logistic 模型分析悖离的影响因素，农户农田防护林经营意愿与行为的悖离受多重因素影响。在农户特征中性别、年龄、家庭年均收入均对悖离的发生具有正向作用；农户认知中对农田防护林重要性认知、生态服务功能认知、经营政策与经营内容认知的程度越高，农户发生悖离的概率越低；经营预期中经营直接成本、经营效益损失具有显著正向影响；而外部环境中经营设施完善程度、补贴标准具有显著负向作用。根据解释性结构可知，导致农户农田防护林经营意愿与行为悖离的路径为：由于农户性别与年龄的差异导致农田防护林认知分化，进而在各认知方面的意识决定了对农田防护林知识的了解程度，导致悖离的发生；经营预期和经营设施的完善度直接作用于经营成本，经营成本的变化会直接反映在农户家庭收入的变化当中，农户自身对收入变化十分敏感，收入变化的波动性直接影响着经营意愿与行为的转化。构建改进型的计划行为理论模型，运用 SEM 模型来分析农户农田防护林经营行为响应实现机理，形成"认知→意愿→行为"这一行为响应路径，组织支持在农户意愿到行为转化过程起中介变量作用，作为外部环境的"诱发性"因素具有显著正向影响。而农户认知中三个潜变量行为态度对行为意愿影响作用最大，主观规范影响次之，知觉行为控制影响最小。

目　录

第1章 绪论

1.1 研究背景与研究意义

1.1.1 研究背景

随着人口增长、粮食短缺、能源匮乏、环境污染等全球性问题的出现，强风、沙暴、干旱与冰雪等自然灾害频频爆发，农田生态系统的抗逆性渐弱，气候与土壤条件持续恶化，物种多样性受到严重威胁，农林牧生产系统空前紧张，人类生活生存环境受到严峻挑战。因而，人们逐渐认识、被迫接受农林牧生态与生产系统是我们赖以生存的客观基础、是经济与社会发展的基本前提、是社会稳定与农村区域发展的基本条件。绿洲是我国干旱区主要经济区域之一，也是我国重要农作物生产基地之一。随着我国西部发展战略调整、"一带一路"核心区建设的逐渐形成、发展机遇的逐渐凸显，新疆等干旱区适逢难得的发展时机。但由于新疆区位条件独特，干旱少雨、蒸发量大、水资源严重稀缺且分布不均；地区风大沙多，自然灾害频发，土壤普遍性出现沙化和盐渍化。区域生态环境越发脆弱，绿洲生态环境面临严峻挑战，绿洲农业生产生态系统面临巨大威胁。

农田林网是在农田景观中为增强农田生态系统的抗干扰能力而人工设计（朱教君，2002）、构筑（朱金兆，2002）、监测（王盛萍，2010；邓荣鑫，

2013）和管理（刘于鹤，2013）的具有多种功能的廊道网络系统，呈现为
"林—灌—草"的立体复层结构（丁应祥，1993）、树种—林带—林网—景观
的多尺度结构（范志平，2001；关文彬，2004）、生产性—保护性双重特点
（郝玉光，2005）。农田林网的网络体系能够改善农业生产微气候条件，涵养
土壤水分，提高地下水资源的利用效率，减少土壤沙化与风蚀，进而提高防
护区农作物产量，并且其"林—灌—草"的立体复层结构能够成为野生动物
的天然栖息场所，能提高农林牧生态系统的物种多样性。良好的农田林网及
其网络体系不仅能够保障绿洲农业的稳定发展，也逐渐成为农村经济增长的
重要支撑、生态扶贫攻坚的重大举措、农户收入提升的有效路径。农田林网化
的建设与抚育，不仅有助于区域农林牧生态与生产系统向良性循环（吴祥云，
2005），而且有利于国防和国民经济持续、稳定、协调发展（宋翔，2011）。我
国自古以来就具有营建农田林网的传统与特色，但系统性不强。自中华人民共
和国成立以来，随着改革开放在林业方面的不断深入与当前生态问题的不断凸
显，我国各级政府开始高度重视环境治理与林业生态建设工作，大力扶持森林
资源的营建、培育、更新、改造、经营与管护等各个环节，以改善农业生产与
农林生态系统的稳定性，促进生态环境的改善。多年来，我国各级政府持续不
断地坚持群众性植树造林活动、大规模公益性造林活动、公职人员责任性造林
活动，集体林权改革等惠农政策等，使得林业的基础资源得以快速完善，林业
建设得以持续发展、区域生态系统得以健康指引。特别是我国"三北"防护林
建设和农田林网生态工程的有效实施，极大地改善了林业的发展困境、促进了
农林牧的和谐与统一。《关于做好退化防护林改造工作的指导意见（2015）》、
2015 年中央一号文件等重点关注了农田林网生态工程的生态价值与多维属性，
也对新疆干旱区农田林网生态工程更新改造与效能增益提出新挑战、提供新机
遇。然而，如何优化农田林网生态工程的构筑模式、管护行为与更新活动？如
何充分发挥农田林网生态工程的生态—经济—社会复合效能？这是农田林网生
态工程持续运营亟待解决的关键问题，也是本书具有重要研究意义的基点。

1.1.2 研究意义

1.1.2.1 理论意义

新疆生态脆弱区大多是绿洲灌溉农业，且侧重于区域农业的现代化、市场化、规模化与资本化发展的研究，忽视了林网生态工程对提升农田生态系统抗干扰与抵御风险能力的重要作用。本书将强化生态脆弱区农田林网生态工程对维持农田生态系统稳定性的突出效应；以农田林网生态工程的优化健全提升新疆生态脆弱区农业发展效能，有助于拓展新疆生态脆弱区现代农业发展研究视角，有助于延伸生态脆弱区现代农业发展理念。

1.1.2.2 实践意义

本书对新疆农田林网生态工程进行系统的价值评估，并通过结构重塑与功能增益策略构建等实现农田林网生态工程的时空布局合理性、林分多态稳定性、生态功能持续性、复合效益协同性，有助于提升新疆生态脆弱区农田林网生态工程建设效能，有助于实现新疆生态脆弱区农林复合生态系统的有序稳定，有助于促进新疆现代农业的增产增收。

1.2 国内外研究现状

1.2.1 关于农田林网空间结构的研究

农田林网网络体系作为一个整体，不是单条林带的简单叠加，其综合效益是整个林网协同作用的结果（孙保平等，1997），是异质性生态交错带、生态应力带、边缘效应带、生物多样性的交汇带、引入农田草原基质的廊道、生态场的发生带（Hanson J C 等，1995），包括单木树体结构、单条林带结构、林网结构和景观结构四个尺度（关文彬，2004）。

国内外不同学者根据防护林带的结构进行了不同的研究。我国主要根据农业生产条件、立地条件及防护效益诉求构建适宜宽度的农田林网带。"三北"防护林工程建设的林带宽度设置在 8～24 米（曹新孙等，1981）。而对于农田林网横截面的研究，曹新孙等（1982）认为，防护林带的横截面的大小与形状在很大程度上由林带结构决定，并通过农田实验证明，在疏透结构下，矩形结构的农田林网防护林效益相对较好。对于农田林网的林带长度，国内外学者通过测度分析认为，一般为林带高度的 12 倍以上（饶良懿、朱金兆，2005；杨光等，2005）；对于林带走向，一般认为与主风向垂直（Chhabra A，2004；Hiroshima，2006），结合我国风向特征与农业生产实际，农田林网带走向与主风向偏离 30°～45°（朱教君等，2002）；对于林带的空间配置，20 世纪 30 年代就有相关学者进行了探索与研究。国内外研究者多结合本国区域特点、防护对象，因而结果不一，如丹麦农田林网的林带高度一般为 15 米左右，其学者认为农田林网的林带距离应设定在 250 米左右，而前苏联学者根据国内土壤特征，将林带之间的距离设定在 300～400 米。由于林带的空间距离的设定主要依据农田林网的有效防护距离（曹新孙等，1981），我国学者普遍认为，农田林网的间距设定在 15～20 个林带高度下，农田林网的防护区域能够实现最佳状态。因而只要防护林带的高度与农田生产防护需求程度确定，就能确定农田林网的空间距离配置。

农田林网建设应综合考虑区域自然气候条件、农业主要灾害因子、生态环境状况、社会经济发展水平等因素（Brandle 和 Hodges，2004）；确定建设区域的多项经营参数，为农田林网科学经营与永续利用提供依据。共有自由林网、"宽林带—大网格"、"窄林带—小网格"等林网营造模式（W. 波斯哈特和曹新孙，1985），不同树种冠型与宽窄行配置、乔木与灌木纯林、乔木纯林与混交林等防护模式均将产生不同防护效应（王葆芳等，2008）。"窄林带—小网格""针阔混交""乔—灌—草结合"成为农田林网生态工程构建的主要趋势（万猛等，2010），以提高林网物种多样性和结构多样性，实现林网在时空分布上持续最佳的立体结构（Swihart R K 和 Yahner R H，1983），提升农田林网生态工程的稳定性（Pimentel 等，2004）。

1.2.2 关于农田林网多维效能的研究

1.2.2.1 农田林网效能的研究

农田林网是为调整和改善多灾而脆弱的农田生态系统的结构与功能，而建立的持续而稳定的高生产力水平、高生态环境效益的人工生态网络系统（范志平等，2003）；是农林复合生态系统构建的基点（Mize C 等，2013）。农田林网通过区域景观结构优化以维持或提升生态系统服务功能（Viglia S 等，2013），间接地保证了大农业的生产与发展（丁应祥等，1993）。

农田林网效能在于降低风速、控制热量、干预水分迁移和污染物扩散、改善小气候和小生境等（Wang H 和 Takle E S，2001）；提升生产者的持续盈利能力与农作物产量，增强生境的多样性与物种多样性（单宏年，2008），有效抵御自然灾害（杜鹤强等，2010）；降低农村单位能耗，维持碳平衡（Liu W 等，2014），降低风沙侵蚀、保育土壤、提升农作物水利用率、提高农作物产量和经济回报（Kort J，1988）；可据此开展多种经营以增加农民收入（李孝良，2010），促进农、林和畜牧业的可持续发展等（Gregory N G，1995）。因此，农田林网生态工程具有良好的生态效益（王世忠等，2003）、经济效益（朱金兆等，1996）和社会效益（张锦春等，2000），是构建现代农业的基础（张钢，1996）。

1.2.2.2 农田林网效能测度与评价的研究

目前国内外对产出效能评价主要有方法、指标及其测度模型等。效能评价主要包括评价方法、指标体系及模型等方面的研究。林学会于 1986 年 6 月开展的森林综合效能评价研究是我国最初对森林经营绩效比较系统和可参考的评价。在我国比较系统的核算研究方法中，估算云南怒江等县的森林保持土壤功能价值用了影子工程和替代费用法（张嘉宾，1982）。有学者第一次对中国森林资源价值进行了全面的评估，其中包括对大气的净化、对风沙的防治、对水源的养护等，并核算了其经济价值，对森林野生生物经济价值核算进行了总结，提出了 8 种核算森林游憩价值的核算方法，并在国内第一次说明了森林生态环境价值大于活立木价值。邓宏海（1985）基于马克思主义极差地租理论，建立了森林生态经济系统效应评价的指标体系，提出了直接计量方法和间接计量法以及生态经济计量法等；陈太山（1984）以影响防护林经济效果的因素为分析指标，以防护林投资效应系数为主要指数，以林业劳动生存率、林地生产率、防护林成木、防护林投资年平均防护效果系数为辅助指数，对防护林经济效果进行定量评价；薛达元等（1999）对长白山森林生态系统间接经济价值的计算中引入了环境价值核算方法，其中包括机会成本法、费用分析法、市场价值法、影子工程法等，采用条件价值法对该地区生物多样性的存在价值进行了支付意愿的调查；蒋延玲等（1999）沿用 Daily G C等的 17 大类服务功能和 16 个生态系统分类系统估算了我国 38 种主要森林类型的生态系统服务功能总价值；周庆生（1993）通过对生态经济型防护林的生态经济效益各指标进行量化，得出了生态经济指标得分值；王国申等（1996）提出水土保持生态效益评价指标体系；杨斌张等（2006）、林德荣（2008）、张彩霞等（2010）对一个地区的生态经济效益用层次分析法进行评价；全宏东（1986）用模糊数学方法对生态系统的效益进行综合评价。

　　森林经营效能评价之所以如此复杂，是因为很少有人将这些效能进行统一，不进行统一的原因是它的作用范围已经远远超出了林业部门，因此其经济评价的数据到目前为止尚不充足；还有一点值得注意的是，相同的一片森林在不同的地点，其发挥的效益是截然不同的，而每种效益的计量又需要不同的方法，如此来说，想找到一种对不同森林综合效益的评价方法是不可能的。综上所述，目前在国内外的林业研究中，森林综合效益的评价都是一个很复杂的问题。这些年，在对森林综合效益的研究过程中，出现了许多不同的研究结论和研究分歧，这都属于正常现象。目前关于森林综合效益的研究，单项的研究和单因素分析比较多，综合效益、系统评价比较少，要想使对生态效益的研究、对经济效益的研究、对社会效益的研究都被认可，还需要很长的路要走。近几年，随着科技手段的发展，国内外关于森林生态效益的计量评价都采用了许多高新科技，比如说遥感技术、全球定位系统、地理信息系统、专家智能系统等，高科技使用是森林综合效益研究的未来发展方向。通过对森林综合效益评价的介绍，关于森林综合效益的研究，所根据的主要理论依据可以分为两大类：一类是以经济学为主要理论依据的用统一货币尺度的计量研究；另一类是以生态学为主要理论依据的定量评价（王礼先等，1998）。

1.2.3　关于农田林网经营管护行为的研究

农田林网的经营能力决定了其整体效能的发挥，并表现为农田林网的营造模式（张启昌等，1991）、林带或林网效益（曹新孙，1983）、林带的防护成熟度（朱教君等，1994）、林网管护更新方式的选择（Haverbeke D V 等，1971）。

1.2.3.1　防护林树种选择

在农田林网的经营过程中，农田林网带的树种选择是资源构建、营造抚育、经营管护的基础环节，并且树种选择的优劣直接决定了农田林网经营的投入成本与产出效益。美国对树种选择的重视开始于大平原防护林计划，即通过树种筛选、构建防护林适宜性树种体系，并对树种进行改良实验、新树种引进实验等进一步拓展平原防护林工程对树种的选择；其他国家，比如前苏联、德国、芬兰、新西兰等也进行过类似的工程与实验，我国对农田林网的树种选择开始得比较晚，但根据国内气候条件（徐燕千等，1983）、土壤性质（张水松等，2000）、群落需求（徐红梅等，2011）等也构建了农田林网网树种选择的原则及树种体系与高标准农田林网网的构建技术（张志民等，2010）。对于树种选择的基本思想主要是基于林木的适应性、生长特性、树体特征、冠幅大小及是否容易发生病虫害等方面（杨斌张等，2006），在立地选树的基础上，以拓展农田林网的树种选择范围。目前，众多学者将生态效益指标（林万春，2013）、经济效益指标及社会效益指标（唐巍，2012）也引入到树种选择的方法中来，以破除单一考虑生物学指标带来的局限性和对农田林网的发展制约性；王丹（2014）指出，采用实验法与调查法相结合的方式更能客观地选择优秀树种。随着当前对农田林网经济效益与社会效益诉求的凸显，在保障防护效益的同时能够增加经济效益（Mohammed，2006），使混交种植的树种成为焦点（王美，2013）。但是对于干旱区和生态较为脆弱的特殊地区，对树种的选择又提出心得要求，比如盐碱化（潘文利，1998）、沙化严重（孙枫等，2003）、水资源严重匮乏（魏天兴等，2001）的地区，必须考量立地与林木能够保持长期生长稳定而防护效益又不减退的树种，以削弱地区自然灾害等对农田林网的破坏等消极影响。当前，这类问题的研究相对较多，但成果相对较少，既要面对耐盐碱、耐干旱、耐风沙等恶劣自然环境，又能保持一定的生态经济效益，对技术的支撑要求较高。

1.2.3.2 防护林更新管护

农田林网的更新管护是实现资源稳定利用与直接经济收益产出的重要环节。通过更新可以调整农田林网的树种配置、林带结构以进一步提高农田林网的防护效能与经济效能。并且可以根据市场的需求、农田防护诉求、科技投入的变化调整农田林网的经营结构，以实现生态、经济、社会三大效能最优产出模式。农田林网更新管护指导思想是森林资源产出理论，主要是根据防护林的成熟度来确定其更新周期与更新时间（亢新刚，2011；曾伟生，1991）。因为防护林的成熟度相对比较复杂，其包括防护成熟、数量成熟、工艺成熟和经济成熟，因而防护林的成熟表现也有多样性（赵雨森，1989）。陈建军（2005）认为，农田林网应分期式更新，可以依据农田防护条件、实际生产状况、林木成熟表现，以不削弱农田林网的防护效能为基础，对农田林网实施更新；并且构建了三种更新方式，即半带、隔带与带外方式实施更新。胡海波等（2001）认为，农田林网的更新、林龄的确定，在数量成熟与工艺成熟的条件下，应以防护成熟和经济成熟为主要操作指导。并从农田林网的稳定性出发，以期拓展农田林网的成熟期，但此种方式明显不利于农田林网直接性的木材产出。虽然保障了农田林网的基本防护效益与更新期的稳定性，但难以为大多数经营户所接受。王丹（2014）通过对黑龙江西部农田林网更新问题的研究结果表明，除了农田林网的内在因素以外，气候条件、经营模式、更新手段等对农田林网的更新周期都有一定的影响。为确定相对合理的更新周期与更新林龄，应考虑多种方式、多种因素，以实现农田林网的稳定性更新与防护效益的重塑。

1.2.3.3　防护林可持续经营

可持续经营理论的引入和运用对林业系统的影响巨大，1996 年美国学者 Gregersen 根据罗斯福生态工程构建了林业可持续发展的基本框架。印度尼西亚、澳大利亚等对受风暴侵袭的沿海地区进行研究，提出了沿海防护林可持续经营与改进措施。但多为宏观政策研究，实际操作性差，对国家及区域林业可持续经营理论与实践的发展影响不大（秦洪清，1997）。我国从 1992 年开始对防护林的可持续经营进行实践性的探索，经营示范区与实践试点的设立，使林业可持续经营的思想逐渐成为较为成熟的、可操作的经营范式。农田林网是人工构建的立体森林结构，其区位因素、规划条件、作业方式、资源管理等一系列的因素对农田林网的可持续经营都会存在影响（孙玉军，1995）。季永华（1994）对农田林网的胁地效应与树种选择进行了研究，结果表明，胁地效应是导致地区农户对防护林经营的主要障碍因素。此外，广东省农田林网科研组（1995）构建了太阳辐射强度及农林生态生产系统内的 CO_2 评价模型，对农田林网可持续经营的影响开展多方位、多因素的实践探索。于柱英（2006）从政策层面和技术层面分析了防护林体系可持续经营的技术与途径。刘桐安（2009）、郝玉光等（2005）对现有的农田林网建设和管理提出一些问题和解决意见，对农田林网的营建模式进行了分析评价，并更新了模式。

对上述文献梳理表明，对于农田林网的更新管护理论的研究结果不一，也不存在较为成熟的理论体系，对于成熟林龄与更细林龄的定义与界定也各不相同，因而，对于确定农田林网的更新周期与更新时间，存在诸多干扰因素，但基本方法都是为了保障农田林网的生态效能，尽力提高其经济效能与社会效能，这为后面的理论指导与方法选择、运用提供了借鉴。

1.2.4　关于农田林网经营模式的研究

1.2.4.1　关于林权对林地经营模式的影响研究

森林资源产权是指林业范畴内的财产权属关系，是以森林、林木和林地占有权、使用权、收益权和处分权为核心，以森林、林木和林地的所有权和使用权、林地承包经营权构成的一系列权利束，其中，国家、集体和个人构成产权主体，森林、林木和林地构成产权客体（张秋玲，2010）。权属不安全性，特别是对交易权的限制导致了一系列权利束残缺、市场无法有效配置资源，极大地伤害了权利主体的利益和政府的信誉（姚顺波，2003），严重阻碍了我国集体林可持续发展（戴广翠等，2002）。对林农需求和利益的忽视、保障机制的政策供给不足、没有协调处理好各方群体利益关系导致产权频繁变更、林业资源破坏严重（柯水发，2004）。集体林权制度改革对林地经营模式的影响分为促进和制约作用，其促进作用体现为：提高了劳动力和土地生产率（杨沛英，2009），促进了森林资源的优化配置（张英，2012）；加快了农村剩余劳动力转移就业（陈帅等，2014），促进了林区和谐（孔凡斌等，2009）；增加了林农收入（蒋宏飞等，2012；Juan Chen 和 John L Innes，2013），提高了社会福利水平（黄竹梅等，2015）。其制约作用表现为：基于林农自身的异质性视角，基层利益相关者由于家庭、认知、行动等层面的差异导致自身收益被剥夺，造成社会收益分配的不公平（骆耀峰等，2013）；基于产权安全性视角，林地流转的短周期循环与林业生产的长周期特点以及我国林权政策的不稳定性阻碍了产权主体投资的积极性（缪光平，2005）；基于森林经营视角，存在家庭经营产权激励与林业规模经营优势、经济优先目标与生态优先目标、林农短期趋利行为与森林可持续经营、森林经营管制与森林经营自主权等矛盾权衡问题（陈杰等，2013）。

1.2.4.2　关于林业经营模式及其影响因素研究

林业"三定"时期，林业经营模式包括自留山经营、承包经营、租赁经营、股份制或者股份合作制经营、集体统一经营以及其他形式的产权交易

（陈幸良，2003），基于产权视角主要有分林到户、集体经营和林业股份合作制三种模式（程云行，2005）；林改后，集体林经营模式包括村集体统一经营管理、家庭自主经营、联户合伙经营、转包经营等（徐晋涛等，2008）；江西林权经营模式包括家庭经营、集体统一经营、承包租赁经营、活立木转让、县乡村（组）联营林场、公益林管护、股份合作经营等（孙妍等，2006）；林地经营类型包括家庭经营、联户经营、小组经营、外部经营、集体经营、生态公益林经营六种；福建集体林区经营模式包括家庭经营、联户经营、小组经营（或自然村经营）、林地流转经营、集体经营和生态公益林经营等（张海鹏、徐晋涛，2009）。农户林地经营行为的影响因素包括户主性别、年龄、职业（Gyau A 等，2012）、健康程度、受教育水平（徐燕等，2010）、农户干部身份（田杰、姚顺波，2013）、农户兼业化、是否为少数民族（薛彩霞等，2013）等农户自身特征，农户家庭人口数、家庭劳动力数量（Ndayambaje，2012）、家庭人均收入、林业收入占家庭总收入的比例（孔凡斌和廖文梅，2011）、非农就业（钱龙等，2016）、女性劳动力的参与比例（李朝柱等，2011）等农户家庭特征，林地面积（王洪玉，2009）、林地细碎化程度（孔凡斌等，2012）、林地质量与分散程度、自然气候条件（田杰和姚顺波，2013）等资源禀赋特征，资金、劳动力、技术和信息等经营技术水平，政府补贴政策、采伐限额制度（苏芳等，2011）、林地产权（吉登艳等，2015）、林业科技人员对农户的技术指导和培训（刘强等，2019）等林业政策以及木材价格、经营成本（刘璨，2005）、经济发展水平、地理区位（孔凡斌等，2010）、邻近农户的林业经营行为（杨强等，2013）等外部环境（Chhetri，2013）。

1.2.4.3 关于林业合作组织形式、运行机制和问题的研究

林农合作组织是以家庭承包经营模式为基础，围绕某个林产品或林业专业组织在资金、技术、信息、加工、储运、购销等环节发展起来的互助合作技术经济组织（孙红召等，2006），包括"公司＋基地＋农户"联合经营模式、家庭林场模式、联户合作经营模式、股份制林场模式（张田华，2009）、

林业专业合作社、林业专业协会（沈月琴，2005）、林业贷款担保组织（何安华等，2011）等组织形式，为了适应市场竞争、满足生产的需要（孔祥智等，2009），克服分散经营存在的资金、技术短缺和管理成本过高（黄祖辉，2008），降低生产经营风险和市场交易成本、解决农户经营的小生产与大市场之间的矛盾、政府对中介组织的因势利导与农民对经济利益的诉求诱致林业合作组织成为一种发展趋势（刘燕等，2006）。"公司＋基地＋农户"经营模式激发了投资者、经营者和林农的投资积极性，保护了相关利益主体的权益，有效提高了林业生产力水平，真正实现了造林、管护、经营、采伐、销售以及加工一体化进程（王亚，2012）。在契约不完全、机会主义倾向等前提下，"公司十合作社＋农户"经营模式对单个农户机会主义行为的特定限制使得农户市场地位得到提高，对违约行为的强制约束使交易成本大大下降，保障了交易关系的平稳运行，提高农业产业链纵向关系的稳定性（项朝阳、李崇光，2015），在一定程度上克服了单纯"龙头企业＋农户"组织模式的制度缺陷，是我国农业产业化组织未来演进的方向（王亚飞和唐爽，2013）。

1.2.5 关于农田林网的稳定性与可持续经营研究

自从 MacArthur 于 1995 年首次提出生态系统稳定性的概念以来，许多学者开展了有关生态系统稳定性定义（沈国舫，2001；马姜明，2012）、稳定性与生物多样性（易咏梅，2010）、稳定性与复杂性（郑世群，2012）、稳定性与人力干扰之间的关系（潘磊，2006），运行稳定性（张朝辉，2016）等研究。多数结果认为，生态系统物种多样性、复杂性可以促进稳定性，稳定持续的环境条件是陆地植被稳定性维持的基础，有害生物入侵和高强度的人为干扰都对植被稳定性造成巨大的影响。

在防护林可持续经营方面，张纪林等（1997）应用朱廷耀提出的区域性防风效应评价模型，对江苏沿海地区农田林网 10 种模式的防风效应进行了评价。黄婷婷（2001）对木麻黄防护林持续经营问题进行了初探，分析了影响木麻黄防护林持续经营的主要因素，并提出缓解以上因素的主要途径。吴筠等

（2007）根据目标法结合专家咨询构建了一套福建沿海红树林可持续经营指标体系，通过该体系对福建漳江口红树林自然保护区的经营现状进行评价。崔书丹（2012）基于公益林生态安全视角，提出了森林资源可持续发展的境遇对策。

以上研究工作的开展，奠定了我国以防护林为主的农田防护可持续经营影响因素与配套技术研究的基础，但是对于干旱地区农田林网整体稳定性与可持续经营的配套技术构建方面的研究目前国内还没开始，需要进行深入探讨。

1.2.6 文献述评

综上所述，对生态脆弱区农田林网经营模式的研究还相对较少，对农田林网价值与功能、建设架构与复层结构、存续经营与管理问题等方面的研究取得了积极的研究进展，少有对林权视角下新疆农田林网经营模式的现状、成效和问题进行深入和广泛的研究。其研究主要存在着如下几个方面的特点和不足：

在研究理论上，将农田林网经营现状在林权理论、制度变迁理论、合作经营理论及可持续发展理论应用进行合理阐述，为进一步分析农田林网经营模式提供理论参考，只有经过农田林网经营模式实践检验得到成功诠释才能证明农田林网经营理论的正确性，丰富了系统研究农田林网经营模式的一个理论框架。

在研究对象上，对农田林网经营模式的研究多是集中于单一模式，以商品林经营为主的南方集体林区省份的研究，缺乏对多种经营模式、生态脆弱区新疆的系统性和整体性分析，鲜有研究将合作经营模式引入到农田林网经营模式中来分析该种经营模式在提升农田林网经济、社会和生态效益上的适用性。

在研究内容上，鲜有运用制度经济学等相关理论分析新疆集体林权制度改革发展历程并对林改后新疆农田林网主要经营模式的现状、成效和问题进行理论分析，借鉴林业经营模式中纳入企业、合作社、基地等主体来实现三大效益协调发展的新疆农田林网合作经营模式。

本书主要针对以上三方面研究的不足，通过对新疆农田林网新型主要经营模式的现状、成效和问题等方面的分析，提出了纳入企业、合作社的新疆农田林网新型合作经营模式及其相应的保障措施。

国内外学者多侧重于对农田林网防护效益的研究，结合对土壤的改良作用、空间配置、对生物的影响等进行研究并取得了积极的研究进展。但是，很少将计入防护林净化大气、改善小气候和积累营养物质作为指标，并且关于农田林网生态系统服务功能价值评价综合分析较少，且方法较为单一，缺乏全方位的价值评价。主要存在以下几个问题：

第一，系统性的研究缺乏。从以上分析可以看出，现阶段对农田林网生态服务功能的研究较少，且研究多集中在防风固沙、作物增产等方面，多是单个系统分析，综合分析较少，且方法较为单一，没有形成一套科学、规范的方法评估体系。目前，农田林网的生态服务功能的价值评估尚未形成体系，缺乏完善的评估指标体系以及方法，同一地区不同方法也会导致价值评估数据差异较大。

第二，研究内容不全面。新疆是典型的干旱地区，生态环境脆弱、土壤"三化"严重、自然灾害频发且强度大；农田林网极大地改善了新疆整体农田生态环境，但其出现的系列问题如林网生态价值认知弱化、更新管护滞后、林网结构失调等亟须研究和解决。综合国内外研究成果，总体来讲仍对新疆农田林网生态效益测度与区域差异分析研究奠定了良好的理论基础。但目前学者大多是对自然生态环境偏好的区域进行农田林网的研究，而并不青睐于对新疆等生态脆弱区的研究，以至于可参考性文献较少，其生态服务功能的测度指标及其数据的来源方式对研究新疆农田林网的生态服务参考价值有限。本书对新疆农田林网生态效益测度的个案研究，是以新疆农田林网生态效益测度为基础、以效能弱化的归因分析为依据、以生态效能增益为目标，力图提升新疆农田林网的生态效能，并为干旱区或生态脆弱区农田林网建设给出实践依据。

国内外学者多侧重于对农田林网生态工程价值与功能、建设架构与复层结构、存续运营与管理问题等方面的研究，并取得了积极的研究进展。但是关于农田林网稳定性与可持续经营等方面评价系统的、全面的理论研究比较少，区域研究不平衡。存在的主要问题有以下几个方面：

第一，单一的研究多于综合的研究。目前，在防护林结构、营造、经营、管护、绩效评价等研究中，虽然呈现出诸多关于农田林网树种选择、造林技术、管护行为、经营方式、经营稳定性、产出效益等方面的研究，但当前的研究主要集中于农田林网的单一侧面影响的效果，或者单一变量的定性研究。而对农田林网综合性的研究与分析相对较少，特别是针对承包经营的营林条件、农户的经营意识、营林投入要素等研究较少。而在农田林网的实际经营中，为探究其经营问题之所在，需要综合考虑上述变量与条件。

第二，系统性的研究缺乏。总的来看，国内外文献对农田林网经营问题的研究相对分散，目前针对农田林网及其林网体系的研究还未形成系统的研究体系。现状描述居多、理论分析较少；单一因素分析较多，系统研究较少。特别是在农田林网经营稳定性评价方面，目前没有系统的综合性的理论指导，研究方法也相对单一。研究内容、研究方法在理论与分析上趋于同化，无法构成理论上的指导与实践中的操作。并且，农田林网经营稳定性评价目前还没有一个相对权威与广泛应用的指标评价体系。尤其是在评价指标量化与测度方面存在诸多问题，本书所使用的评价方法也是在前期梳理基础上，借鉴类似评价做出的试验性探索，研究并没有综合性与系统性的定论。另外，文献在评价方面存在一些理论上的分歧和误区，造成了产出评价在一些指标上的重复计算，从而进一步影响评价结果。

第三，研究内容不全面，干旱区农田林网的研究地位不突出。以往国内外对防护林的研究主要集中在生态环境相对较好的地区及我国"三北"防护林体系，对干旱区尤其是新疆农田林网的研究极度匮乏，其评价指标及指标数据的获取方式在新疆玛纳斯县农田林网的研究中多有不适，对本书的借鉴作用也比较有限。

1.3 研究内容与研究方法

1.3.1 研究内容

研究共分五部分：

第一部分包含第1章和第2章，第1章主要包含研究背景与研究意义、国内外研究综述、研究内容、研究方法和技术路线。第2章介绍概念界定与理论基础，对研究主体进行界定，梳理已有研究成果及研究理论基础，建立本书的逻辑分析框架。

第二部分为第3章，对新疆农田防护林发展现状与建设进展进行介绍，分析新疆自然资源条件、主要自然灾害、防护林建设历程、结构体系、供给现状及其经营管理。

第三部分为第4章和第5章，对新疆区域农田防护林生态服务功能的评价、差异及成因进行剖析。构建新疆农田防护林生态服务功能测度的指标体系，并对研究区进行数据收集，依据国家林业局2008年发布实施的中华人民共和国林业行业标准《森林生态系统服务功能评价规范》（LY/T 721—2008）和《荒漠生态系统评估规范》对农田防护林的生态服务功能进行测度。基于对农田防护林的生态效益测度，对新疆县域农田防护林生态效益进行差异分析。

第四部分为第6章和第7章，对农户经营意愿、行为差异性和农户农田防护林经营行为响应决策进行分析，运用定性与定量相结合的方法探讨农户态度与行为，分析农户经营行为决策模式与农户经营风险、成本与行为决策的稳定性。

第五部分为第8章和第9章，主要介绍了新疆农田防护林新型合作经营模式优化、激励机制和保障措施。首先，阐述了新疆农田林网经营模式优化；其次，从基本原则、制度体系、政府保障机制等方面构建农田防护林新型合作经营框架，提出新疆农田防护林新型合作经营模式；最后，从建立弱化所有权等七个方面提出配套保障措施。

1.3.2　研究方法

本书采用文献研究、价值量评估法和系统分析法综合评估与分析新疆农田防护林生态系统服务的价值与区域差异，以规范分析与实证分析为基础，以农户调查信息为依据，综合应用问卷调查法、模型分析法、情景模拟法等开展研究，以显现农户农田防护林经营行为的真实状况与实现动因、动态开展农户经营行为的持续稳定性与过程激励。具体分析方法如下：

第一，社会调查分析法。对前期资料深入研读，在获取基本理论方法的基础上，设计农户经营行为响应的一般性调查问卷，对农户个体特质、家庭资源禀赋、区域环境、社会资本网络、政策支持等情况进行全面调查。问卷问题运用李克特量表（Likert Scale）进行设计农户经营行为响应的调查问卷，对农户农田防护林经营态度进行多维复合测量，剖析约束农户经营行为转化因素，重点访谈其选择经营或选择不经营的根本原因。

第二，价值量评估法。目前定量评估生态服务功能的方法有两种：一种是物质量评估法；另一种是价值量评估法。本书采用价值量评估法对农田防护林的生态服务进行测度，价值量评估法是现在经常使用的一种方法，是将生态系统服务功能以货币化的形式呈现。本书将参考国家林业局2008年发布实施的中华人民共和国林业行业标准《森林生态系统服务功能评价规范》（LY/T 721—2008）和《荒漠生态系统评估规范》，采用价值量评估法评价其经济价值，并分析农田防护林生态效益区域差异，在此基础上提出农田防护林建设发展的结论建议，为其余干旱区农田防护林发展提供科学依据。

第三，数理模型研究法。本书拟运用Cronbach'α系数来衡量农户经营行为响应调查数据的信度，对农户经营行为响应的调查问卷数据进行整理分析，构建嵌入性社会结构理论模型，应用Logistic模型分析影响农户农田防护林经营行为响应差异的"自主因素"与"嵌入因素"。再运用SEM结构方程模型对农户行为目标、行为主观规范、控制认知与过去行为等进行量化实证分析，阐释经营行为响应转化实现的逻辑路径。

1.4 技术路线

本书的技术路线如图 1-1 所示。

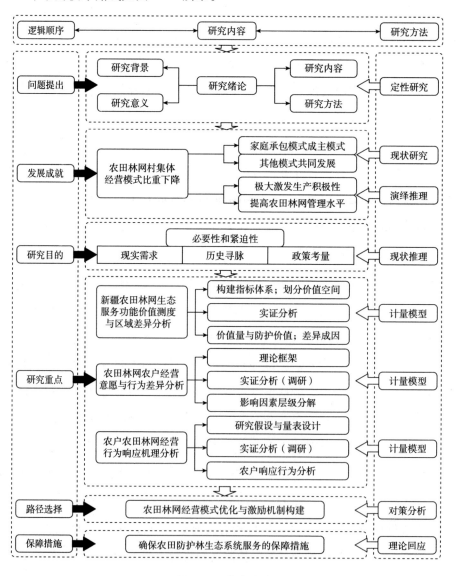

图 1-1 技术路线

1.5 可能的创新点

农田防护林作为生态产品，农户的经营行为具有经济性和社会性。农田防护林经营具有典型公共物品私人供给特征，所以剖析制度环境与农户行为是本书的特色之处，具体的创新点如下：

第一，新疆农田防护林作物增产、防风固沙、水源涵养、保育土壤、改善小气候、固碳释氧、积累营养物质等多种价值，现有的研究对于农田防护的生态价格评估较少，对于新疆区域差异研究更少，因此，从立地条件、林网结构、抚育力度和生态意识等方面探寻农田防护林生态服务价值存在区域差异的原因，为更好地建设新疆农田防护林以提高其生态系统服务价值，为农田防护林的生态价值研究提供了新视角。

第二，部分学者对农户行为响应进行度量，却忽视了意愿未能转化而导致的行为响应弱化这一"黑箱"机理。本书通过文献梳理农户行为理论与行为经济学理论，从农户经营意愿与行为响应视角进行探讨，探讨农户经营意愿与行为不一致的问题；以嵌入性社会结构理论为视角，微观分析了约束农户行为响应的"自主因素"与"嵌入因素"；厘清了经营行为响应决策的实现逻辑、有效性及其稳定性，从而开拓了农户经营行为响应的新视角。

第三，研究以"行为意愿"为中介变量进行验证，验证了农户行为响应中的"黑箱"模型，进而判断农户行为响应的影响因素以及交互作用，构建农户经营行为响应的激励机制。本书还根据区域农户特质差异，模拟新疆农田林网工程区农户的多元情境，设置农户经营行为响应的过程激励标准，调适农户经营行为，推动农户行为转化，丰富农户行为的研究内容。

第四，本书设计调查问卷，运用多维调查方法，对农户经营现状进行深度调查。问卷采用李克特量表对农户认知与意愿等潜变量进行测度，提高了测量的精度和信度，力求获得农户经营行为响应中的真实偏好与心理变化。本书还运用多元化计量模型验证农户经营行为形成过程中不可观察的"黑箱"作用，由此本书更具有说服力与代表性。

第2章　相关概念界定与理论基础

2.1　概念界定

2.1.1　农户

林业作为农业的组成部分，其培育、保护、经营并利用林业资源获得生态效益与经济效益等生产活动既是我国农村人口获得经济收入的主要途径，也是农村经济的组成部分。在我国集体林区，由于其森林资源的特殊性，农村人口的经济收入主要来自于农业的基本生产活动，包括本书所在的新疆玛纳斯县，森林资源仅是部分地区农村居民获取收入的途径，或者利用森林资源获得的收入在农业生产获得的收入中的比例极小，本书的研究对象——农田防护林，其微观经营主体为参与农业生产的农村居民。"林农"一词，虽然可以反映集体林区的农民生产生活的特殊性，但与当前玛纳斯县集体林业的经济、社会发展实践不甚符合。因而，本书以玛纳斯县集体林业资源（农田防护林）经营的特殊性来界定农户。

在文献中，农户一般被认为是在农村从事农业生产活动的常住居民，是独立的生活与生产单位，这种界定明显太过模糊。任红燕和史清华（1999）基于地域概念，认为农户应包含三层含义：首先，有从事农业生产与经营活动的职业特征；其次，家庭经济区位居住于农村，不享受国家福利待遇，其对立于城镇居民；最后，符合"自然人"假说，农户与个体工商户类同，是农业生产资料的经营主体，无论是个人承包还是家庭承包。本书基于文献梳理，并考虑玛纳斯县农村变化实际，比如，青壮年劳动力外出、老幼留守，生产资料基本由留守人员经营等。因此，本书将农户界定为：以家庭为单位的、拥有森林资源（集体防护林）的、从事农林业生产经营活动的、在农村常住的、成员在经济上为一个整体的家庭单元。

2.1.2 农田防护林

根据我国森林资源的划分方式与上述防护林的特征，不难理解农田防护林是防护林体系中的一类林种。农田防护林主要有人工营建，并且具有较强的地域特征。在我国，为满足农业生产与农业生态系统的基本稳定，在农田周围营建一定走向、适宜宽度与间距、"林—灌—草"立体结构的防护林带。通过稳定性林分对区域温湿度、气流特征、土壤水分等农业生产的影响因子的改善，抵御自然灾害侵袭、构建农业生产微气候，创造有利于农业生产的新环境，以保障农村生态系统的稳定、农业生产的稳定与农村生活环境的改善。农田防护林带由主林带和副林带按照一定的距离纵横交错构成格状，即防护林网。主林带用于防止主要害风，林带和风向垂直时防护效果最好。但根据具体条件，允许林带与垂直风向有一定偏离，偏离角不得超过30°，否则防护效果将明显下降。副林带与主林带相垂直，用于防止次要害风，增强主林带的防护效果。农田防护林带还可与路旁、渠旁绿化相结合，构成林网体系。其改善小气候主要是通过对气流结构和风速的影响，与空旷环境相比，在有效防护距离内，农田防护林能使风速降低0.3米/秒左右。并且随着风速的降低和其他气候因子的改善，能使农田防护林周围土壤水分的蒸发减少0.2千克/小时左右。风速相对降低、土壤水分蒸发量相对减少，则能有效防护空气湿度相对提高，有利于缩小农作物生产的昼夜温差与季节性温差，从而构建农田生产的微气候。文献表明，农田防护林对农业增产效果明显，特别是在我国生态脆弱区、干旱区及沿海地区，其增产效果更为明显。

在农田防护林的发展历程中，农田防护林开始于 19 世纪的平原农业生产区，苏格兰最早在滨海地区营造海岸防护林。中国营造农田防护林有 100 多年的历史，大致分三个阶段：第一阶段，早期农民为防止风沙等自然灾害的侵袭，自发性营建农田防护林，并兼顾碳薪取材；第二阶段，中华人民共和国成立后，我国政府及集体为改善农田气候特征、获得稳定性农业生产，实施了大规模计划性开展农田防护林的营建工作；第三阶段，目前，农田防护林的营建与更新改造，主要为改善经受污染与破坏的农业生态系统，对传统农田及新建标准农田实施综合治理，构建农田林网防护体系，更新防护失效的传统林带，我国区域性质大规模农田防护林网的出现一般也是在这个时期。新疆大规模地进行农田防护林的建设始于中华人民共和国成立以后，随着国营农牧场的建设，为了防风阻沙，农垦人民响应"屯垦戍边"的号召，仿照前苏联农田防护林建设模式，营造了大规模的防护林带，玛纳斯县早期农田防护林的大规模营建同始于此。

2.1.3　农户行为响应

响应（Respond）常用的意思有回声、应声。在行为经济学中是指个体对特定事物或干扰的一连串心理变化与行为动作，响应是个体对事物产生的一种自觉能动的心理状态，包括认知、意愿、程度和行为。行为科学研究指出，人们对某事物的内在需求在一定刺激下形成动机。而响应的形成机理需农户服从"理性经济人"的假设，则可认为农户是理性决策者，在决定自身行为时以追求自身利益最大化和风险最小化为目标。农户在自身显示条件和外部约束条件的共同影响下确定自己的目标。本书所指的农田防护林经营行为响应是指农户在对农田防护林经营行为过程中心理变化所产生的外在表现。

2.1.3.1　农户认知

认知（Cognition）从狭义的社会学角度来讲，是指以事实为基础，以求真为目标，事实认知与主体的价值评价相互交错，"是什么"与"意味着什么"构成了认知观念（杨国荣，2014）。换句话说，人认识外界事物的过程，即对作用于人感觉器官的外界事物进行信息加工的过程（于英，2002）。认知过程对农户行为的方向和程度产生影响，是农户参与农田防护林经营的基础，也是农户最基本的心理活动过程（王官诚，2008）。从心理学的角度来看，认知是人的心理活动过程，也是人脑的信息加工过程，包括知觉、感觉、记忆、思维、想象等过程（彭聃龄，2003）。在心理学中，将认知的阶段分为：认知过程、认知风格、认知能力和认知策略。其中，西蒙将认知过程概括为问题解决过程、模式的识别过程、学习过程；认知风格可分为独立性和依存性、同时性和及时性；认知能力包括观察力、想象力和记忆力；认知策略是人脑在加工信息能力受限的情况下，指导认知过程的计划、方案和窍门等。人脑通过接受外界输入的信息，经过头脑的加工处理，转换成内在的心理活动，再进而支配人的行为意愿。农户对农田防护林的认知，同样是这样一个过程。农户通过国家和地方对农田防护林的宣传和要求以及其他媒介的传播，再结合自身的经济状况和利益成本分析表现出对农田防护林的认知情况，进而支配农户的意愿。

2.1.3.2　农户意愿

意愿是研究人内心的一种心理活动和倾向，是测量个体对事物的看法和想法，具有主观性。在经济学中意愿是产生交易行为的前提，Dwayne 等（2000）认为行为可以通过行为意愿预测出来。他提出虽然态度与行为之间的链接不一定完美无缺，但是在正确的测量下，一致的行为意愿确实可以相当准确地预测未来的行为。足够强烈的意愿是促使个体行为的必要非充分条件，意愿的形成包括个体的自身特征和个体的认知结果。意愿是连接认知和行为的中间过程。

农户意愿的构成因素主要包括：①经营的认识，农户对经营以及农田防护林了解程度，经营能在多大程度上给农户带来效益的提高和效用的满足。②经营的成本收益判断，经营是一种投入型劳动，农户判断过程支付费用和获得服务带来的真正效益的大小影响农户意愿的大小。③"恋土情结"的轻重，农户亦可以通过土地流转脱离农业生产，全权投入到务工行业，但农户的乡土情结使得农户不愿意脱离土地，可能脱离土地后农户失去了"安全感"。④消费收益价值观，农户的消费观念影响了农户支出费用的意愿，如果农户愿意通过购买服务的方式实现生产，农户的经营意愿可能更积极。⑤经营服务获取难易程度，如果农户很难从自身能获取信息的范围内得到经营服务的供给信息，农户即使愿意经营也很难做到经营，进而经营的意愿也会降低。⑥经营监督过程的难易程度，经营过程可能产生经营方和承包方的信息不对称状态，承包方可能因为经营方难以监督而出现败德行为，因此农户对监督难易的判断影响经营的意愿。

2.1.3.3　行为决策

行为是决策的结果，决策是指主体选择的策略和办法，是信息搜集、加工、做出判断并得出结论的过程（车文博，2001）。随着认知心理学的发展，结合心理学及管理学内容，有效地揭示了许多行为现象，Edwards（1961）认为人的行为决策实际是信息判读处理之后的结果。依据计划行为理论（Theory of Planned Behavior，TPB），农户的经营决策是农户对农田防护林经营环节的认知、经营意愿的判断、做出选择的一系列的过程。

综上所述，农户的经营行为响应是农户"认知→意愿→行为决策"有机组成的结构，实际表现在农户行为反应程度、行为选择与行为效用上。经营认知是农户对经营产生出的一个心理度量，经营意愿是农户经营偏好大小的度量，经营的行为是农户经营环节参与实际情况，即每一个环节经营与否的度量，而响应则是认知、意愿和行为的综合作用后的结果。

2.1.4　农田林网经营模式

农田林网经营模式是指农田林网的生产、再生产过程在既定所有制条件下各个环节劳动者与生产要素组合方式，规模及责、权、利关系的经营模式。随着集体林权制度改革的不断推进，产权及制度的变化通过影响农民的行为从而影响农田林网经营模式的变化。2008 年，农田林网经营模式随着新疆集体林权改革的制度变迁被赋予了部分自主选择权,根据林权确权与否形成了家庭承包经营模式、村集体经营模式,根据林地流转情况形成大户经营模式,根据避免林地纠纷情况形成股份制经营模式,农民受经济效益最大化的利益推动会选择合适的经营模式。

农田林网经营模式主要分为四种:家庭承包经营模式、村集体经营模式、大户承包经营模式和合作经营模式,如图 2 - 1 所示。家庭承包经营模式是指按照"林随地走"的原则确权到户,即集体林地靠近谁家承包的土地就归谁家所有,将集体农田林网无偿分包到户落实经营主体;大户承包经营模式是指由林业大户或企业与农村集体经济组织签订承包合同落实经营主体的方式,是为了实现集体林地的规模经营最大化地发挥林地林木的经济效益;村集体经营模式是指通过承包经营的方式落实经营主体,收取承包费,收入用于集体公益事业和农村经济组织的运转,以防止出现空壳村保证村组织的正常运转;合作经营模式包括股份合作经营模式、"公司 + 基地 + 农户"、"公司 + 合作社 + 农户"等多主体间合作经营。

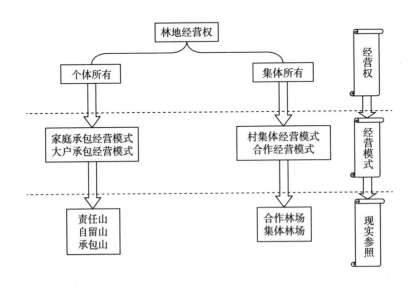

图 2 - 1　农田林网经营模式分类

为了便于理解及后文的进一步阐述，对以下几个概念进行解释：

责任山：集体分山到户后由农户承包经营的那块山林，林地所有权归集体所有，林农拥有林地经营权，国家规定的经营周期一般是70年。类似于农田家庭承包责任制中的"责任田"。

自留山：林业"三定"时期划给农户的荒山或疏林地，林地所有权归集体所有，林木和林产品归个体所有，实行"生不增、死不减"的政策，其经营无须签订合同并且允许继承。

山价款：分山到户之后，为了增加集体林业收入，林农采伐竹材、木材时需要向村集体交纳一定比例的收益作为集体林地的地租。

谁造谁有：针对宜林荒山荒地、荒滩荒坡而采取的造林政策，林地归集体所有，愿意造林的农户与集体签订协议协商确定分成比例，"谁造谁有"的山林可以继承，可以作价转让，林木依法采伐，产品自主处理。

2.2　相关理论基础

2.2.1　产权理论

产权（Property Rights）即指财产所有权，包括所有权、使用权、经营权和收益权等。第一，所有权是产权的基础，而使用权、经营权和收益权是在所有权基础上派生出来的，它们不是相互孤立而是对立统一的关系，这些权利之间是可以进行分割、让渡和交换的，在不同产权主体之间形成责、权、利关系。其中，所有权规定了人对物占有、拥有的权利；使用权规定了在法律许可和伦理、道德规范范围内，可以合法合理且合乎道德地对物的使用权利；收益权作为产权划分的最主要目的，规定了人们在拥有使用权的基础上获得收益或拥有产权未来收益的权利；处置权规定了通过对物的出租、赠予、遗弃或改变物的形状等权利。法律明确了各类产权主体的权利、权限和财产范围，其中，国家、集体、法人、个人或其他经济体构成了产权主体（Bar-zel，1997），一切可以价值化和量化的有形或无形之物如资产、财产、资源等构成了产权客体。第二，产权内涵随着经济社会状况、法律道德和环境等方面约束的变化而变化，不仅要受到法律、习俗以及道德的约束，而且是一组相互独立的各项权利的集合。市场经济发展的基石是稳定的、具有强制执行效力的产权，通过提高投资者信心来刺激资金流入生产性经营活动，进而促进整个社会的经济增长。

由于资源稀缺性决定人类社会资源的有限性，诱导人们自利行为的产生，而人们攫取资源的竞争条件和方式以及由于稀缺资源的争夺而导致的利益冲突均可由产权界定来解决，产权界定保障了交易活动的正常进行，影响了人们对于资源的经营决策、经济行为和经营效果。产权的基本功能由三个方面构成：第一，约束和激励功能。产权关系既是利益关系也是责任关系，从责任关系来看，它是约束；但从利益关系来说，它又是一种激励（约束功能可以看作负激励），两者之间是相辅相成的，产权只有激励和约束功能同时存在的前提下才能发挥它的作用和功能（卢现祥和朱巧玲，2007）。产权制度通过利益激励方式大大减少了未来生产经营活动多方主体经营的不确定性，进而指导经营行为实现未来收益最大化目标，来达到对经营主体最大限度地创造财富的激励目的。机会主义行为是造成我国集体林经营产权效率低下的主要原因，只有对产权的初始界定具有足够的排他性，才可以有效减少机会主义行为，有效提高农民社会效率、经济效率和生态效率，有效带动生产经营模式的创新，从而实现资源全面协调发展。第二，外部性内在化功能。产权界定人们受益和受损的具体方式并通过补偿来修正人们的行为。第三，资源配置功能。在特定条件不变时，产权限制决定了物品置换的价值，产权制度变迁通过影响人们行为方式进而对资源配置、产出构成和收入分配等造成影响。不同的产权形式决定不同的资源配置，因此，生产资源优化配置是合适产权安排的先决条件。

我国集体林权长期处于共有状态，林权制度长期存在所有权主体虚置、经营权弱化、委托代理关系扭曲、交易成本过高等弊端，难以实现内部成员的利益（陶国良，2011），严重地制约了林业经济长期可持续发展。依据产权理论，资源稀缺性是产权出现的根本原因，资源价值的上涨推动了国家通过改革来界定和实施产权以便形成权利、利益明确的产权制度。有效率的产权应当有竞争性和排他性，是获取林业经济效益和林产品市场交易的前提条件。因此，不仅要通过确权发证等形式落实产权以避免资源管理的短期行为，而且要建立以产权为核心的具有中国特色的集体林权制度体系，明确人们对于交易的合理预期。不健全的林业体制、机制以及深度不到位的林业改革常常是导致低林业经营效率的根本原因。生产关系的基础和核心是所有制，生产关系既与生产力发展相适应又受制于生产力。作为森林生产力，完整的、细碎化的林权阻碍了生产力水平的提高，只有具有一定规模的森林生态系统才能实现生产力水平的快速提升。因此，解放和发展生产力成为调整生产关系最重要的目的，而调整生产关系的一种方式是林权制度改革。

　　产权模糊就会造成产权主体缺位、权利主体的责任、权利和相关义务不明确、有效激励不足等后果，导致经营效率持续下滑，产权难以发挥其应有的作用。新制度经济学认为，产权存在和发挥作用的基础是明晰的产权（魏杰，2000），而产权制度会影响经济绩效和经济行为。因此，进行产权改革、建立适当的产权制度以形成有效的激励机制是提高林业经营绩效的第一步。

　　政府是制度的供给者，当新制度安排的预期成本小于改革的收益时，政府才会有供给新制度的动机。对于中央政府来说，作为具体实施者的地方政府主要承担改革推行的直接成本，而政府具有提供制度安排的职责和权利的义务；改革一旦获得成功，其带来的生态效益和经济效益必然超过过去的效益，因此，其带来的超额效益有利于解决"三农"问题，缓和林区、林地分配不均所造成的矛盾，营造安定的林区社会氛围，取得良好的社会效益。

　　自中华人民共和国成立以来，我国林业产权制度变迁既有诱致性制度变迁也有强制性制度变迁。林业产权制度变迁的最初动因是资源的稀缺性，最主要动因是经济效率激励和利益诱惑，还有诸如外部环境变迁、人们需求或偏好的变化等动因，如图2-2所示。林业产权制度变迁随着社会的进步、时代的发展而不断变化，有效的林业产权制度是安排林业经济发展的基础与核心，是利益分配制度不断得到调整的一个过程，其中，不同利益主体具有不同的制度变迁利益目标，当前在利益群体无法获得既定利益时便会推动制度变迁的进行以达到自身利益最大化的制度安排。

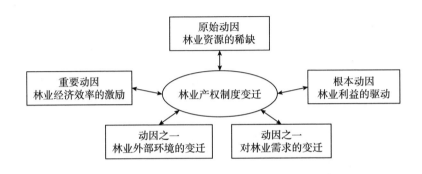

图2-2 林业产权制度变迁动因

政府的行政推动在传统体制下的林业发展是高效的，但在市场经济体制下出现乏力和低效等问题，实践证明，农民的水平与参与程度既是林业产权制度改革的基石，又是林业发展的基础，新型的利益驱动机制是林业稳定和发展的根本，而林业产权制度改革的诞生恰恰适应了这种新时期制度创新的要求，为林业产权制度更好的发展奠定了基础。

林业产权制度变迁不仅关系到不同的利益主体，而且关系到不同利益主体间利益的调整和分配。在传统计划经济体制下，林业产权制度的主体是政府，上层人士掌控权利，而社会公众如林业企业和林农几乎没有自主经营权。随着社会经济发展水平的不断提高和政治体制改革力度的不断加深，社会力量不断壮大，政府日益民主和成熟，一种多主体参与的林业政策体系和林业产权制度变迁模式即将诞生。

林业产权制度变迁的影响因素包括不同利益主体的利益诉求、利益博弈关系和格局。不同利益主体追逐的目标是在林业产权制度变迁中实现各自利益的最大化，而林业产权制度的安排决定了林业资源配置和利益分享。公平有效的林业产权制度安排一方面能够更好地调动林业生产经营主体的积极性，另一方面对盘活林业资产、优化配置林业生产要素、提高林业生产力均起到一定的积极作用。因此，建立一个以产权安排为基础、以利益机制为纽带、以政府干预和农民参与为标志、以优化资源配置为目标的新型林业发展模式来提高林业效率，而配置林业资源、提高林业经济效率、保障林业快速高效发展的制度性条件就是要建立适应市场经济体制的、以市场化为导向的，且产权清晰、主体多元、流转自由、交易规范、权益对等、保障充分的林业产权制度，如图 2-3 所示。

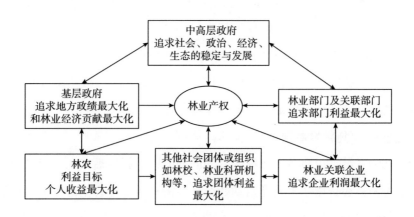

图 2-3 林业产权制度变迁利益相关者关系

2.2.2 有限理性理论

有限理性理论是指需要考虑计划成本、适应成本以及对交易实施监督所付出的成本的理论（卢现祥，2012）。根据有限理论形成的原因将有限理性划分为约束性有限理性和选择性有限理性。约束性有限理性是指完全理性，受到了认知能力、信息成本及外界不确定性等因素的限制；选择性有限理性是指个人受偏好和节约心智成本等因素的影响，宁愿选择一定程度的理性也不愿意选择最大化理性。有限理性可通过内在机制和外部机制进行拓展，前者是通过资源互补将非理性部分代替理性部分或通过挖掘潜在资源来解决心智资源稀缺；后者通过制度、市场、技术等节省交易成本、降低人类的心智成本。与企业家行为相比，农户在从事经营行为的时候，他们的经济决策是完全理性的，即追求利益最大化，而农户的有限理性来源于对未来每种经营模式收益的不确定性，还受到传统的林业经营管理限制，会根据自身情况（经验、能力、目标实现难度）和外部环境之间权衡而选择坚持林改前的行为，表现为约束性有限理性。农民作为农田防护林家庭承包经营模式的主要经营主体，一方面，他们在经营过程中受到有限理性意识支配会首先判断市场和政策的未来走向，并根据整个家庭的资源禀赋和能力，如户主年龄、受教育水平、身份背景、经营规模、技术培训、经济环境、森林类别、营林目的等来衡量组织生产活动中经营模式的选择权衡；另一方面，农户行为的特殊性取决于资源要素结构的独特性，因此，有限理性、"效用最大化"追求以及长期形成的经营习惯是农田防护林经营活动的影响因素。

2.2.3 可持续发展理论

可持续发展是指在满足当代人需求的同时，不损害后代人满足其自身需要的能力，核心是指基于人类活动社会—经济—环境复合生态系统协同发展作用形成的复合系统的和谐发展。人是这一系统的"耦合器"。可持续发展的"持续性"特征包括生态属性、经济属性及社会属性（Beckerman，1994）。其中，生态系统"持续"是指自然资源及其开发利用程度间的平衡，即资源和环境的承载能力不小于生态系统的生产和更新能力，使再生速率不少于可再生资源的消耗速率，更重要的是实现可持续发展的路径是运用不可再生资源的替代资源来支持生态的完整性和人类对资源的充分利用。经济系统"持续"是指在使森林生态系统不受影响的前提下，为了确保未来实际的资源收入不超过当代使用的资源收益，需要最大限度地提高经济发展的净收益。"经济发展"是指经济增长的数量和质量在提高全社会财富的同时改善当代人的福利状况。社会系统"持续"，是指提高人类生活质量的前提是生活在不超出维持生态系统承载力情况下的。一个综合体经济、社会和生态系统"持续"是互为影响的，实现社会—经济—生态系统的持续、稳定、健康发展的前提是社会与经济协同发展、生态与资源和谐统一与协调发展。

林地是不可再生的稀缺性资源，可持续发展理论指出农田防护林经营应该追求以森林资源为基础，以使生态系统的自我恢复能力极限不低于林业资源开发利用以实现经济、社会和生态等系统的可持续发展。林改后，农民获得了农田防护林的所有权，成为了生产经营的主要决策者，由于林业具有生产周期长的特点，因此，农民必须对林地进行长期投资才能获得收益，这就要求了对林地产权的稳定性要远大于农地。因此，林地的可持续经营管理是农民个人长远利益、整个社会利益、森林生态效益集于一身的综合体。

2.2.4　行为激励理论

激励理论的基础研究主要来自西方管理心理学家和行为科学家，部分学者把它们称为经典激励理论，大致可以分为三类。第一类是内容型激励理论，包括马斯洛的需要层次理论、阿尔德弗的 ERG 理论、赫茨伯格的双因素理论和麦克利兰的成就需要理论等；第二类是过程型激励理论，包括弗鲁姆的期望理论、亚当斯的公平理论、波特和劳勒的综合激励理论等；第三类是行为改造型理论，包括斯金纳的强化理论，海德、韦纳的归因理论和挫折理论等，按照研究的侧重点及行为关系的差异，又可以把激励理论分为内容型、过程型、强化型和综合型四大类。具体区别如表 2 - 1 所示。这些基础的激励理论为我们研究农户行为的激励提供了理论指导。

表2-1　激励理论分类

理论派别	特点	代表性理论
内容型激励理论	研究激励的原因与激励因素的具体内容	马斯洛的需要层次理论；阿尔德弗的 ERG 理论；麦克利兰的成就需要理论；赫茨伯格的双因素理论
过程型激励理论	研究动机的形成和行为目标的选择	洛克的目标设置理论；弗鲁姆的期望理论；亚当斯的公平理论；韦纳的归因理论
强化型激励理论	强调环境对人的影响作用	斯金纳的强化理论
综合型激励理论	结合内外激励因素，系统描述激励全过程	波特和劳勒的综合激励理论

　　不难看出，内容型激励理论、过程型激励理论和强化型激励理论是相互联系和相互补充的，它们分别强调了激励的不同方面。内容型激励理论强调人有多种需要，并认为激励就是满足需要的过程；过程型激励理论强调组织目标与个人需要统一起来有助于使员工出现企业所希望的行为；而强化型激励理论则强调如何通过强化物的刺激使员工的良好行为持续下去。因此，管理者如果想要有效地激励员工，要根据实际情况的需要结合使用以上的激励理论才可能收到良好的效果。管理学关于激励的理论主要是从人们的需要、目的和动机等方面来考虑如何激发员工的积极性和工作热情，研究视角局限于心理层面，未能从机制层面解释产生激励的机理，不便于管理者借助机制来驾驭组织。此外，传统的管理学研究方法思辨论证较多，模型推证较少，纵使进行了大量的实证研究，也可能由于指标设计或样本选择等方面的问题而受到质疑。在经济学领域对于激励机制的研究，大多采用数学模型加以证明，尽管也有抽象、刚性、以偏概全等不足，但其逻辑的严谨性可以弥补管理学研究的缺陷。

　　行为科学认为，人的动机来自需要，由需要确定人们的行为目标。所谓激励就是一个有机体在追求某种既定目标时的愿意程度。应用于管理，激励就是我们通常所说的调动人的积极性。激励理论是行为科学中用于处理需要、动机、目标和行为者之间关系的核心理论。而激励作为人的一种内心活动，起着激发、驱动和强化人的行为的作用。人们采取某项行为的激励力量取决于其对行为结果的价值评价以及预期达到该结果的可能性估计。

行为改造的基本内容是行为的强化和方向引导。其中核心问题是行为激励问题（所谓行为激励系指激发人的行为动机使人有一股内在的行为冲动，朝向所期望的目标前进的心理活动过程），即通过激励来实现行为的强化、弱化以及对行为方向的引导，对希望发生或希望更多发生的行为实施强化激励，对不希望发生或希望较少发生的行为则不实施激励，类似逆向行为以致使弱化，引导行为转向，达到引导正确行为方向的目的（沈月琴，2004）。

第3章 新疆林权改革变迁与农田林网经营现状

自改革开放以来，新疆集体林权制度改革经历了林业"三定"阶段，宜林荒山、荒地承包、租赁、拍卖和农田防护林作归户阶段，林木、林地使用权流转和退耕还林、林权落实到户阶段，集体林权制度改革试点阶段共四个阶段，实现了从集体所有到农民所有、集体经营再到集体所有、农民经营，又从家庭承包经营到多元化、市场化经营方向发展。林农在经济利益最大化的驱使下，采取与自身农田林网资源情况、自身经营特征相匹配的农田林网经营模式，形成了多种经营模式共同发展趋势。通过对林权界定、稳定和放活农田林网承包经营权，实现农田林网适度规模经营是提高农田林网经营效率和农民增收的重要途径。

3.1 新疆集体林权制度改革历程

3.1.1 林业"三定"阶段

林业"三定"阶段为1982～1996年。1982年，新疆开始实施林业"三定"，即稳定山权林权、划定自留山、落实林业生产责任制。稳定山权林权是指在保障所有权不变的前提下，对于国家、集体所有的山林树木、个人所有的林木和使用的林地以及其他部门、单位的林木中权属清楚的，应承认其相应权利并发放林权证作为其林权权属凭证；对于林权有争议的，政府、组织可以双方协商解决，协商无效时，提请人民法院裁决，但在纠纷尚未得到解决时，任何一方都不准砍伐有争议的林木，如果该情况出现将依法惩处违法者。划定自留山是指根据群众需要将自留山（或荒沙荒滩）划给社员由社员植树种草并允许其长期使用，房前屋后、自留山以及生产队规定的其他地方所种植的树木，社员享有其所有权并允许继承。落实林业生产责任制是指根据按劳分配、各尽所能的原则把责任和报酬、个人利益和整体利益紧密联系起来，采取专业承包、联产计酬责任制、包到户、包到组、包到劳力等措施，实行合理计酬、多劳多得或收益比例分成进行社队集体林业的经营。

3.1.2　宜林荒山荒地承包、租赁、拍卖和农田防护林作归户阶段

归户阶段为 1997～2002 年。1997 年，新疆开始迅速推动林业产权制度改革，按照法律规定保护和维护林权所有者的财产权及其合法权益。切实保证作为法律凭证的林权证的法律效力，林地、林木所有权和使用权构成了林权证的组成部分。限期核发权属明确但却仍未核发的林权证；加紧确权或调整并加快核发权属有争议的林地权属证明；及时发放退耕还林验收合格的林权证；保证已承包造林土地承包关系长期稳定，不得擅自收回。依法收回没有按照合同限期规定完成的造林土地以及连续两年也无法完成的土地使用权。

第一，积极推进集体经济组织负责的"四荒"（宜林荒山、荒地、荒沙、荒滩地）使用权的流转，并采用承包、租赁、划拨和拍卖等准许多方社会主体参与流转，并将其流转收益用于建设开发宜林"四荒"地基础设施。第二，农田防护林作价归户。所有农田防护林、薪炭林（风沙前沿、生态区位特别重要、采伐后难以恢复的森林以及国家、地方重点公益林除外）和用材林均可以采取拍卖等多种形式划归农民所有，准许对森林景观开发利用权、国有天然林林地使用权进行试点流转，其推进途径包括加快发展活立木市场和提高改进森林资源评估制度。

3.1.3　林木、林地使用权流转和退耕还林、林权落实到户阶段

落实到户阶段为 2003～2006 年。2003 年，新疆以依据法律标准保障和维持林权所有者的财产权及合法权益为主要目的来修正林业产权制度。第一，自留山上的林木一律归农户所有并准许其长期无偿使用，不得强行收回，在未经许可的情况下已经划定的自留山，按照规定时间对目前仍未造林绿化的林地进行绿化。第二，维持分包到户责任山承包关系长期稳定。对于原承包做法基本符合法律规定的，在上一轮承包期结束后可直接续包；按照法律规定明显不合理的，可在改进之后继续承包，新一轮承包者通过签订书面承包合同确定承包期限并按相关法律规定执行；依法延长那些承包合同已续签但未达到法定承包期限的林地、林木产权至法定承包期限；对于农户持续承包意愿较低的林地，可交回集体经济组织另行处置。第三，区别对待集体统一经营的山林，努力寻找合适的农田防护林经营模式；持续维护并不断改进群众满意度较高、盈利状况较好的联办林场、股份合作林场等经营模式；逐步明晰集中连片有林地"分股不分山、分利不分林"的经营模式；对于零星分散的有林地，对其合理作价后才可将其林地使用权、林木所有权让渡给个人经营；选用分包到户、招标、拍卖、由集体统一组织决定宜林荒山荒地开发的经营主体；通过公开招标方式赋予造林难度较大的宜林荒山、荒地一定期限的使用权，并允许有能力的单位或个人无偿开发经营并限期绿化。本集体经济组织成员对于经营模式选择拥有优先经营权。第四，加速推动林地、林木使用权的合理流转。促进多元社会主体采用承包、租赁、协商、划拨、拍卖、转让等形式参与、合理流转权属明晰的林木、林地使用权，对于集体所有的宜林荒山、荒地、荒沙使用权，应重点推动其流转；加快扶持活立木市场、推动林木合理流转和开展资产评估机构以断定林地、林木的实际价值，让经营者看到实实在在的投资收益，极大地提高了农田防护林经营开发的积极性。第五，规范流转程序，增强流转管理。以维护当事人合法权益为宗旨，认真做好流转的各项服务权属变更登记手续；坚决防止乱砍滥伐、擅自更改

林地用途、公益林性质以及公有资产流失等问题；坚持强化流转后用于林业
建设资金的监督管理。

3.1.4　集体林权制度改革试点阶段

2007 年，新疆采用了集体林相对较多、林业利润率相对较高、农民改革
意愿较强、基层组织领导较为有力的集体林权改革试点，即昌吉州玛纳斯县、
伊犁州直属新源县、塔城地区沙湾县、阿克苏地区温宿县和巴州库尔勒市。
本次集体林权制度改革包括主体改革与配套改革，前者是明晰产权的改革，
即家庭承包经营，公开协商、招标、拍卖等方式进行承包经营，或者采取股
份合作经营、集体统一经营、其他经营等方式；后者是目标明确的改革，即
放活经营权、落实处置权、保障收益权，不断完善和落实林业政策，是对过
去改革的深化和完善。

主体改革是一种明晰产权的改革，主要分为以下五种：第一，家庭承包
经营是将林地、林木承包经营权遵循"林随地走"原则落实到户，即将集体
林地的权利无偿划分给承包土地距离最近的家庭。第二，联户承包经营是指
由于划分到户较为困难而产生的几家农户联合承包同一条农田防护林带，有
效弥补了家庭承包经营方式的不足。第三，大户承包经营是指由公司或林业
大户与农村集体经济组织采取签订承包合同方式进行集体林地流转以形成规
模化经营，最大化地提升林地、林木的经济效益。第四，本集体经济组织内
的农户或集体经济组织以外的单位或个人通过拍卖、招标、公开协商等方式
所建立的承包经营关系，集体经济组织的内部成员在同等条件下享有优先权，
中标者将承包费一次交清后可自主经营、自主管理，但林木采伐后其可因林
地、林木发展不同而获得收益分成。整体拍卖所得归集体经济组织所有，又
分为成熟林拍卖、林地使用权拍卖和新造林拍卖三种形式。成熟林拍卖是指
对那些达到采伐年限的成熟农田防护林的价值全部拍卖；林地使用权拍卖是
指集体经济组织在完成农田防护林砍伐、整理后再拍卖林地使用权的方式；
新造林拍卖是指集体经济组织在完成农田防护林带更新造林后再进行拍卖的

形式。第五，部分由集体经营，即保留少部分的农田防护林由村集体统一经营，收入用于农村经济组织和集体公益事业的正常运转，其目的是防止"空壳村"的出现。

配套改革有以下五种目标明确方式：第一，放活经营权是指在保证及时更新及其采伐限额的前提下，依法颁发林木采伐许可证，有计划、有步骤地采伐达到成熟期的农田防护林。第二，落实处置权是指在保持林地用途、林地所有权不变的前提下，林地承包经营者通过将其作为合资、经营林木的出资、联合造林、联合的条件或转让、出租、抵押、转包、互换、入股等方式依法承包或流转其林地使用权或林木所有权。第三，保障收益权是指严禁乱收费、乱摊派或以其他方式使农民林地收益造成损失的行为，法律保证农民获取承包林地收益的权利。占用集体所有林地的林地、林木补助费、地上附着物和安置补助费，用地单位要按规定依法支付足够弥补产出的费用以及被征收和占用林地农民的社会保障费用。对于被划归国家、自治区林业工程项目的农田防护林，农民承包后可享受同等补助，对定额以内及超过定额的部分分别实行平价水和高价水的定额制定价方式。第四，落实责任是指林地承包经营者采取签署承包合同执行产权及造林、育林、更新、管护、病虫害防治、森林防火等方面的责任。第五，公益林监督管理和补偿机制，自治区财政明确规定：只要纳入自治区重点公益林，就将获得每亩 5 元的森林生态效益补偿资金。

在开展过程中，各试点县（市）遵循"县（市）直接领导、乡镇组织实施、村具体操作、有关部门搞好服务"的宗旨，认真组织开展实施改革试点方案、核实集体林权属、面积和四至界线；依据流转内容公开、程序方法公平、结果公正原则实行二榜定案制度，将公开信、确权登记表、承包合同书、林权证、发展规划和管理责任等下放到户，将林改效果纳入政府人员的绩效考核体系。

3.2　新疆农田林网的现状

3.2.1　立地因子

3.2.1.1　自然条件

新疆地处我国西北边陲，地理位置远离海洋，深居亚欧大陆中部，与俄罗斯、蒙古国、哈萨克斯坦等多国接壤。新疆地貌由高山与盆地相间形成，走势常被称为"三山夹两盆"，天山山脉横贯新疆中部，将新疆分隔为南疆与北疆两个部分。新疆自北向南依次排序为阿尔泰山、准噶尔盆地、天山、塔里木盆地、昆仑山系，两大盆地腹地为大面积沙漠，塔克拉玛干沙漠位于塔里木盆地中部，面积为 33 万平方千米，是我国最大、世界第二大的流动沙漠；而准噶尔盆地中的古尔班通古特沙漠约为 4.8 万平方千米，是我国排名第二大沙漠。新疆沙化土地面积为 74.71 万平方千米，占全国总量的30.4%，占全区总面积的 43%；新疆绿洲面积仅为 8.3 万平方千米，仅占新疆区域总面积的 5%，是我国荒漠化最严重的省区。

新疆干旱少雨，日照充足，日照时间一般在 3000 小时左右，日照率为60%～70%，形成了明显的温带大陆性干旱气候。全疆具有降水稀少、地域分布不均等特征。年均降水量仅为 147 毫米，呈现出北疆降水量多于南疆、西部降水量多于东部、山地降水量多于平原、盆地边缘降水量多于盆地中心、迎风坡降水量多于背风坡的分布规律；年平均蒸发量为 1500～2300 毫米，其分布为南疆 2000～3000 毫米，北疆 3000～4000 毫米，体现出其降水量远远小于蒸发量。全疆年均气温 9.7℃，具有冬季寒冷、夏季炎热、温差较大、季节特征显著等特点；例如北疆阿勒泰地区曾出现最低气温 -50.12℃、东部地区吐鲁番曾达到最高气温 49.6℃ 的现象。

新疆地区森林资源主要包括荒漠河谷天然林、绿洲人工林和山区天然林三部分, 林地面积为 2.06 亿亩, 森林面积为 1.2 亿亩, 森林蓄积量为 3.92 亿立方米, 林地面积和森林面积分别占国土面积的 8.3% 和 4.8%。新疆林地所有权只存在国有和集体所有两种形式, 天然林林地权属全为国有, 面积为 18745.5 万亩。人工林林地权属以集体为主, 面积 1823.4 万亩, 占全区林地总面积的 8.9%。其中, 农田林网、防风固沙林等公益林面积 625.7 万亩; 用材林、经济林和特用林等商品林面积 1195.7 万亩。

3.2.1.2　灾害因子

新疆生态环境脆弱, 抵御灾害性问题能力较差, 绿洲是生态脆弱区重要农作物生产基地和主要经济发展区域。随着我国建设的不断发展, 新疆等生态脆弱区迎来经济社会发展的重要阶段, 但由于区域生态环境较差, 沙漠面积不断扩张、风沙灾害不断, 降水量远小于蒸发量, 土壤条件恶劣以及农田生态系统的弱抗逆性使新疆整体自然环境遭受到不断恶化的威胁, 农业生产和农户生活得不到保障。

(1) 风沙灾害。风沙灾害是新疆最为常见的一种自然灾害, 严重影响全疆人民的农业生产与生活。受影响最大的是位于准噶尔沙漠西南缘的绿洲, 塔克拉玛干沙漠南缘的绿洲和处在沙漠之中的塔里木河下游绿洲, 全年能见度不足 10 千米的风沙天数有 30 ~ 35 天, 其中能见度不足 1 千米的天数有 10 ~ 25 天。从季节分布来看, 由于林木还未抽枝发芽、对风沙阻隔效果较差, 无法起到较好的保护作用。因而 3 ~ 7 月风沙天气居多, 一般可有 3 ~ 5 天。每当风力达 5 ~ 6 级, 裸露地面即可出现风沙, 能见度往往仅数十米, 给各地居民生产生活带来极大困扰。

(2) 干旱。新疆深居内陆, 远离海洋, 四周高山环绕, 海洋气流不易侵入, 因此对气候影响很大。从纬度来说, 新疆属温带极端性大陆性气候, 以天山山脊为界, 北疆为中温带, 南疆为暖温带, 其主要特点是冬季漫长严寒, 夏季炎热干燥, 春秋季短而变化剧烈, 日温差与年温差都很大, 日照时间充足 (年日照时间达 2500 ~ 3500 小时), 新疆历史记录年均降水量仅为 219.6

毫米，年蒸发量多处于 2450 ~ 2824 毫米，蒸发强烈，干旱少雨多风沙。

（3）干热风。新疆地区一般平均风速多为 2 ~ 3 米/秒，最大风速可达 20 ~ 24 米/秒；而干热风俗称"热风"，高温与大风是致使"热风"发生的活跃因子。新疆是我国干热风比较严重的地区，其分布特征为：低处较高处严重，盆地和谷地较山地严重；在地域分布特点上，东部较西部严重，南部较北部严重。每年 5 月下旬至 8 月上旬，特别是 7 月，南、北绿洲农区亦遭干热风危害。有的地区如吐鲁番，大风日数多，风速高，素有"火洲"和"风库"之称，其平均每年发生干热风灾害近 40 天；而南疆莎车县，干热风每年平均多达 129 天，给农业生产造成了极大的威胁。

3.2.2　建设现状

自改革开放以来，党中央、国务院决定改善新疆等生态脆弱地区自然与社会条件，建设大型防护林体系工程（简称"三北"防护林体系工程），并将这一重大战略措施列入国民经济和社会发展的重点建设项目，用以改善地区生态环境，是我国林业生态工程建设史的里程碑。"三北"地区大部分区域年降水量不足 400 毫米，干旱、沙尘暴等自然灾害频发，水土流失面积达 55.4 万平方千米。新疆作为国家"三北"防护林体系建设的重点省份之一，是我国西北地区的生态屏障，干旱、风沙等导致的生态灾难严重影响着新疆地区经济和社会的发展，威胁着全疆乃至全国人民的生存和发展。随着工程的建设，自治区依托"三北"工程，显著提升森林资源总量，农田林网体系的建设被作为工程建设的首要任务，其防护林范围也随着工程时间进展逐步扩大。一期工程（1979 ~ 1984 年）覆盖全疆 54 个县（市），期间有 6 个县市基本实现了农田林网化，全疆森林覆盖率由 1.03% 提高到 1.15%。二期工程（1985 ~ 1994 年）为调动人们营林的积极性提出建设生态经济型防护林体系，使生态建设与经济发展相协调，建设范围扩大到 84 个县（市）；期间有 53 个县市基本实现了农田林网化，20 个县市实现平原绿化，全疆森林覆盖率由 1.15% 提高到 1.68%。三期工程（1995 ~ 1999 年）加大投资，目的是建设一批有针对性的区域防护体系,防护建设范围扩大到87个县(市),期间有21个县市基本实现了农田林网化,25个县市实现平原绿化,全疆森林覆盖率由1.68%提高到1.92%。四期工程(2000~2009年)依据沙尘肆虐的严重态势提出以防风固沙为主的建设方向,开展了新农村建设试点、农田林网更新改造和重点沙区的高标准防护林建设,建设范围扩大到94个县(市),工程规划10年造林封育2160万亩,截至目前,实际完成造林封育2293.91万亩,其中人工造林1394.84万亩、封育874.07万亩、飞播25万亩。2010年,"三北"防护林体系第五期工程正式启动,工程正在实施当中,截至目前,已完成造林208.22万亩、人工造林153.72万亩、封育54.5万亩。

工程实施40年来,"三北"防护林工程在新疆累计完成造林7006.84万亩,将新疆森林覆盖率由1.03%提高到4.87%,增加了3.84个百分点。农田林网作为改善农业生产条件的一项基础设施,始终处于"三北"工程优先发展的地位,全疆82个县(市)基本实现农田林网化,45个县市达到国家平原绿化标准,全疆7000多万亩耕地的95%得到林网的庇护,一些低产、低质农田变成了稳产、高产田,粮食单产由1979年的1740千克/公顷提高到了2018年的6313千克/公顷。防护林体系在新疆的建设方面取得了非凡的成就,在生态、经济以及社会效益方面发挥了至关重要的作用。

3.2.3 结构体系

新疆农村防护林建设工程(2009~2015年)是在"三北"防护林建设的基础上,以农田林网为主体,对全疆82个县、市、区进行工程布局,优化区域农田林网建设,更新改造过熟和残次农防林,结合农业生产实际,因地制宜、分类指导,坚持"窄林带、小网格"的建设模式,不断巩固、完善和提高农田林网化建设水平,建设高标准农田林网化体系。工程规划新疆农村防护林建设人工造林总面积为994.4万亩,占此期间新疆造林总面积的71.66%,其中,农田林网183.14万亩,占造林总面积的28.34%。

农田林网带结构配置的合理程度,是保障林带能否成功发挥其最大的防护作用的首要问题，是提高抗御自然灾害能力建设高效稳产的重要手段，在20 世纪 50 年代前，新疆的农户由于受到土地私有制的制约，只能在自有农地的四周种植林木来保护农田减少被风沙、干旱等灾害的侵害，但是由于缺乏合理的规划、有效的管护，使林木无法发挥其防护效果。20 世纪 80 年代，经济体制以及土地所有制的改革与深化让新疆农田林网得以大规模、科学性的建设发展。在此阶段防护林类型为农田林网或防风固沙林，其林网配置以前苏联"宽林带、大网格"为特点进行建设。此后新疆经济社会的迅速发展、科研水平的提高、国家政府的重视程度加强，使人们对干旱脆弱区营造农田林网体系有了新的认知，农田林网结构配置得到发展。在科学理论与生产实践中发现，农田林网林带过宽（20~22 米）、林网过大，其在结构配置上不甚合理，无法起到较好的防护作用，在自然条件恶劣且管护不到位的情况下，常常出现林木衰退、林带空心等现象。与此同时，林带网格过大（750 亩），对林地内的农田无法起到较好的防护效果，土地平整费工，管护难度大，且造成了灌溉管理的复杂性。随后，由于模仿前苏联所建设的"宽林带、大网格"农田林网林带较宽，网格较大，国家出台规划将其改为小网格、"3~6 行窄带式"的模式。现阶段，新疆地区农田林网基本按照"窄林带、小网格"结构进行林网建设，从而使其达到最好的防护效果。

近年来，为使农田林网达到各地理想的防护效果，经过众多学者专家的实地勘测和试验研究分析将原来零散的、不成熟的农田林网体系加以改善和提高，使其初具规模，构成了一个从沙漠边缘到绿洲内部的以林带、网格为基础的农田林网体系。新疆地区两大沙漠附近，土地荒漠化、土壤盐碱化严重、气候干旱、水源短缺，为改善农业小生境与农户基本正常生活，当地农户主动进行植树造林活动，受当地干旱环境影响，主要种植树木为耐旱速生杨树、混交沙枣、红柳、白榆等生态树种以及吊丝干、苹果树等经济树种，林带行距为（0.5~1.5）米×（1.0~2.0）米。缺陷为林网建设规范性不足，林带间距、林网密度缺乏统一的规范标准，不能发挥出较好的防护效果和营造良好的农业生态小气候。

3.2.4 经营特点

在产权中，"经营权"是产权所有人达成权利收益和处分的重要前提。产权价值的实现方式是在产权所有人实现了灵活配置、高效应用经营权后收获了真正看得见的收益。农田林网经营主来源于新一轮林改将农田林网承包给农民经营并许可林权，林业产权制度安排过程中将各项权能（占有权、使用权、收益权、处分权）赋予不同主体，并形成多样化经营模式。为此以下从林权改革、经营模式和效应来分析当前农田林网经营现状。

新疆集体林权改制历经了林业"三定"阶段，宜林荒山、荒地承包、租赁、拍卖和农田防护林作归户阶段，林木、林地使用权流转和退耕还林、林权落实到户阶段，集体林权制度改革试点阶段共四个阶段。2009 年新疆集体林权制度改革之前，林业政策的不稳定性使农民对林权持有怀疑态度，产权的不稳定性使人们对产权的信赖度降低，一旦政府将林权分配给个人所有就会产生严重的乱砍滥伐现象，造成了严重的森林衰退和沙进人退的现象，以至于产权的剧烈波动对农民的心理影响一直延续到当今农民的生产行为中，出于对政策的不信任性，多数农民产生短期经营行为以尽快获得收益的意愿。

2009 年至今，新疆处在集体林权制度改革试点阶段，新疆采用了集体林相对较多、林业利润率相对较高、农民改革意愿较强、基层组织领导较为有力的集体林地区进行林权改革试点。新疆集体林权制度改革试点中最重要的标志是"确权、发证"。在"确权、发证"中，前者在于明确农田林网权属在不同经营模式中的地位，即家庭承包经营，公开协商、招标、拍卖等方式进行经营；后者目的在于保障农民林权 70 年不变，通过核发林权证明确农民对林地的经营权、处置权、收益权，实现了不断完善和落实林权的改革目标。保障了农民对林地的使用权，使由于林业政策变迁不稳定性导致的农民对政策不安全感得到了根本性解决。这些年新疆全力推进集体林权制度改革，取得了积极的成效。截止到 2017 年，新疆 1232.22 万亩集体林地已明晰产权，占全疆纳入林改的集体林地面积的 83.6%，经营林地面积 115.07 万亩。

随着集体林权制度配套改革的不断深化，各种"林业专业合作社"势如雨后竹笋一拥而出。其中新疆新型林业经营主体达 2726 个，农村林业专业合作社 1450 个。为了在农田林网经营中实现利益最大化，同类农田林网生产经营服务的提供者、需求者以及相近规模、相同性质的农田林网生产经营者在产权赋予农户后以自愿联合和民主管理的方式建立林业专业合作社，解决政府管不了、集体包不了、个人办不了或办起来不划算的多重困境问题，有效地削减或缩减了农户进入大市场的高额交易费用和巨大风险成本。

因此，在产权落实到位和产权持续性得到保证的条件下，一方面，确权发证保障了农户对于农地的使用权和林木的所有权，打消了农户的顾虑，降低了农户的收益风险，从而大大提升了农户对农田林网承包经营的兴趣。另一方面，集体林权改革试点的顺利进行将使农田林网经营具有可持续性，由过去的不惜牺牲农田林网为代价过度种植或砍伐来获得短期收益转变为运用持续性经营的生产方式管理农田林网。

3.3　新疆农田林网经营模式及其成效

林改试点后，农田林网村集体经营模式的比重迅速下降，家庭承包经营模式成为最主要的农田林网经营模式，通过招标、拍卖、公开协商等方式形成的大户承包经营模式、股份合作经营模式开始显现，成为农田林网经营的新生力量，形成以家庭承包经营模式为主体、村集体经营模式、大户承包经营模式和股份合作经营模式共同发展的局面，如表 3 - 1 和表 3 - 2 所示。

表3-1 不同农田林网经营模式的权属比较

经营模式	林地所有权	林地承包权	林地经营权	林木所有权	产权强度
家庭承包经营模式	集体	个体农户	个体农户	个体农户	强
村集体经营模式	集体	集体	集体	集体	较弱
大户承包经营模式	集体	大户	大户	大户	强
股份合作经营模式	集体	股东	股东	股东	较强

表3-2 不同农田林网经营模式的管理比较

经营模式	整地造林	日常管理	林间管护	收益分配	激励功能
家庭承包经营模式	个体农户	个体农户	个体农户	个体农户	强
村集体经营模式	集体出工	雇用负责人	雇用护林员	集体	较弱
大户承包经营模式	大户	大户	大户	大户	强
股份合作经营模式	股东或雇人	股东或雇人	股东或雇人	股东按股份比例享有	较强

3.3.1 家庭承包经营模式

农田林网家庭承包经营模式是指把农村集体经济组织内部的农户作为承包人与组织建立承包关系，将集体经济组织的林木所有权和林地承包经营权落实到农户，做到每个家庭及其成员都平等地享有承包经营的权利，从而使农民真正成为农田林网的主人。新疆农田林网家庭承包经营模式根据农村土地二轮承包情况，采取"林随地走"原则将农田林网承包经营权按照距离远近进行划分，距离最近就归谁所有并无偿使用，林地承包期和二轮土地承包期保持一致；一旦被政府划定为公益林的，就要依据森林生态效益补偿政策落实对每亩农田林网5元的年均补助标准。截止到2016年底，纳入试点范围的农田林网由家庭承包经营的面积占集体林面积的17.5%，为18.2万亩。同时为了实现农田林网经济效益、社会效益和生态效益多维效益协同发展，提高农民承包经营积极性，在农田林网整体生态防护效益不受影响的前提下，副林带可选择方式包括生态经济型防护林、速生型防护用材林、经济效益较高的经济树种（如核桃等），以促进经济效益的最大化提升来增强农民承包农田林网的信心。

在坚持林地集体所有的前提下，农田林网家庭承包经营模式将林地承包经营权赋予农民，确立了农民在家庭承包经营模式中的主体地位，集体体现为农民对所承包林地的承包经营权和收益权，根据市场供求关系，农民可以自主选择农田林网经营模式，极大地激发了农民生产积极性，提高了农田林网经营管理水平。农田林网家庭承包经营模式的主要成效表现在两个方面：

第一，激励功能增强。在家庭承包经营模式下，农民成为独立的产权主体和利益主体，在完成规定的承包任务或遵守国家相关法律法规的情况下，剩余索取权和处置权归农民所有，并且将林地以上资源的产权赋予农民，大大提高了产权的排他性，由于其成员规模较小，因此，家庭内部的"搭便车"问题可以忽略不计，促进作用也会大大增强，不仅能够获得劳动者努力边际报酬率的全部报酬，而且避免了因劳动努力降低导致的产出损失以及集体资产滥用和流失。

第二，资源配置效率的提高。林改后国家将相对独立的经营自主权赋予农民，使其激励功能得到最大化地增强，农民基于经济效益最大化的目标，根据相对价格信号适时调整资源配置，以实现收益最大化。分林到户后，农民对资源十分珍惜，看作是升值空间很大的"增值股"，是"未到期的高息存折"，保护意识普遍增强，进行严格看管、精心经营、慎重砍伐，为了达到既保护资源又增加收入的目的，很多农民开始千方百计地发展林下产业，而不是过分关注砍伐木材所获得的短期经济效益。

3.3.2　村集体经营模式

《物权法》第九条明确指出，集体土地所有权归集体成员集体所有，林权排他性的目的在新颁布的《物权法》中仍未完成，即集体林地林权的模糊导致集体经济组织内成员享有的林权无法对应既定的某一块林地，使产权所有者无法合理规划自己享有的产权。根据调研情况发现，各集体经济组织为了保证村组织的正常运转以及避免"空壳村"的出现，都会由村集体经营留存少量的农田林网，并在短期内采取承包经营方式落实经营主体，一方面可以收取林地使用费，另一方面林地承包后集体经济组织减少了开支。摆脱了营林、林木管护费用这个巨大的经济负担，收入用于集体公益事业和农村经济组织的运转。现纳入集体林权改革试点范围由村集体统一经营的农田林网面积占集体林面积的10.32%，为10.76万亩。

将农田林网集聚在一起，统一进行规划、经营和管理的即为村集体经营模式，它转变了细碎化低效率的经营模式，主要成效表现在两个方面：

第一，实现规模经济效益和集约化经营管理。一方面，规避了由林地零星分布、农户兼业化导致的农田林网低效率经营的劣势；另一方面，释放了固定在农田林网上的劳动力，推动劳动力结构转型升级，使之向第二产业、第三产业转移，推动了城镇化进程。林业是规模经济较为显著的产业，农田林网村集体经营通过统一经营管理和林地经营基础设施的优化促进了农田林网规模经济效益的实现，实现农田林网集约化经营管理，不仅降低了生产资料成本，而且节约了劳动力成本。

第二，盘活了资产，实现了农田林网资源的优化配置。农田林网村集体经营模式使农田林网资产得到快速流动，农田林网资源朝向资产化、产业化经营，林地市场价值得到大幅提升，从而使小规模经营的单个农户能够更加容易获得林业保险以及林权抵押贷款，推动了资金、科技、管理、人才等生产要素从低效率配置流向高效率配置，加快了社会各投资主体和农民各经营主体的投资进程，使农田林网由过去的倒贴赔钱转变为盈利增收的新途径。

3.3.3 大户承包经营模式

为了达到集体林地经营的规模化、集约化，最大限度发挥林地、林木的经济效益，集体林改试点县（市）积极推行农田林网市场化经营，实施将农田林网或其他集体林地承包给大户或企业的大户经营模式，承包费可一次付清或分期缴纳，承包期由双方协商确定，充分赋予了大户和企业农田林网自主经营的权利。为了全面推进高标准农田林网体系建设，吸引社会资金投入到农田林网经营中，如新疆且末县林业部门规定：对于新的水土开发，开发前需缴纳 250 元/亩的农田林网建设保证金，缴纳总面积以开发面积 14% 为标准，同时签订农田林网限期造林协议书，只有在验收合格后，达到农田林网化标准，才会返还保证金。对于更新防护林带则是在采伐前按标准缴纳更新造林保证金，采伐后限期更新，经验收合格后按照"伐一补十"的办法返还保证金，极大地促进了农田林网的更新补植，使承包大户或企业获得高于正常情况下的超额收益，提高了其他经营主体承包农田林网的积极性①。对于纳入试点范围的由大户承包经营的农田林网占集体林总面积的 25.64%，为 26.72 万亩。

与家庭承包经营模式相比，农田林网大户承包经营模式具有专业化程度高、盈利能力强，优化产业结构、增强投资信心等特点，主要成效表现在两个方面：

第一，专业化程度高、盈利能力强。农田林网大户承包经营模式解决了当前家庭承包经营模式经营规模小、林地细碎化、经营水平低、经济效益差和个人承包意愿低的问题，承包经营者增收效应、生产效率提升效应和效能增益效应源于农田林网较强的盈利能力；对于农田林网的深度开发和集约化经营、提高农田林网的管理水平、促进科技的普及以及广大农民科技文化素质的提高都有着十分重要的推动作用。

第二，优化产业结构、增强投资信心。由于大户承包经营模式的示范作用，吸引了众多散小农民的跟进，使农田林网经营落实到懂技术、懂生产经营的农民手中，有效转移了农田林网剩余劳动力，优化了农田林网产业结构，使之快速发展；农田林网大户承包经营模式吸引社会资本投入农田林网，提高了农田林网栽植质量，逐渐改变了以前"年年造林年年补、年年效益上不去"的现象，增强了人们投资农田林网的信心，解决了农田林网资金投入不足的问题。

---

① 资料来源：《加快且末县农田林网的调研报告》。

3.3.4 股份合作经营模式

股份合作以自愿互利为基础，遵循"入股自愿、规模经营、风险共担、利益共享"的原则，把林农通过自有、购并等途径拥有的林木、林地利用亲情和友情纽带联合在一起进行统一生产和销售。"分股不分山、分利不分林"的股份制经营实体。股本包括林木股和资金股，林木股是指股东将享有所有权的林木评估后作价出资，并按出资比例承担责任和获得收益；资金股是指股东需要按出资比例再筹集部分资金作为林场流动资金，主要用于林场日常运营、缴纳税金、管护工资等。股份合作林场负责经营管理的统一安排，但其能够执行的必要条件是股东代表大会的认可。由具有一定专业技术的造林队组织造林，实施招标制；营林和采伐则实施转让制，目的是精简管理链条、提高营造林收益，即在轮伐期内采用公开竞投标机制转让合适的采伐权和销售权，股份合作负责统一经营管理伐木后应收回的土地。评估中心最初环节是对造林成本和林木价值评估，招标评估结果实施的必要条件是至少2/3股民投票赞同。设股东代表大会、董事会、监事会，林场的最高权力机构是股东代表大会，通常情况下由当届的村民代表兼股东代表担任。收益来源有两方面：通过生产承包、劳动投入获得的劳动报酬和通过股份分红享有的股东权益。纳入试点范围中采取招标、拍卖等模式的面积占集体林面积的22.53%，达23.48万亩。

农田林网股份合作经营模式的基本特征表现在风险共担、利益共享，合作社会性、股权易转移性以及所有权和经营权相对分离等，主要成效表现在以下两个方面：

第一，确保农田林网承包经营权的长期稳定。由于土地分散、生产要素分散与农田林网发展的集约化和社会化要求不相适应，已经成为农田林网发展的"瓶颈"因素，农田林网生产周期长、破坏容易、恢复难，稳定是农田林网发展的前提条件。股份经营式家庭合作林场通过林木股和资金股的形式联合各种资本（林地使用权变现的资本和其他形式的资本）以期快速实现规模化经营、迅速培育资源产业基础，实现了农田林网资源增值和林地的"社会化利用"，延长了农田林网收益链，避免了农民一次性收益或失地问题，解决了外出经商、下山脱贫农户失管问题，有效防范了农民失地带来的社会问题，即林权长期稳定的根基是农田林网承包经营权长期不变，林权长期稳定主要目标是保障农民收益权的平稳凸显。

第二，规模经营降低了农田林网的经营成本。为了将每家每户的林地使用权变成为资本与其他形式的资本联合起来，通过组建股份合作林场，采取公司加农户的形式，实现"林权分散、经营集中"，避免林地的细碎化和农田林网的分散经营，打破了部门封锁、地区分割，稳定"一定三不变"的生产责任制，调整了林业生产结构，使分散的生产要素流向更有效的资源配置方式以促进资金利用率的提升，加快推进资金朝横向一体化发展，在一定范围和规模上有利于集约化经营的形成，增强农民抵御市场风险的能力和市场竞争能力，极大地提高了农田林网的生产力，既可促进有关项目早出效益，又可大力发展多样化经营获得经济效益，不仅为发展农田林网打下了基础，而且也为引导农民尽快脱贫致富找到了一条可行路径。

3.3.5　当前主要经营模式的比较分析

农田林网家庭承包经营模式的均包分割方式固化了农田林网地在村组之间的分割经营和地域之间的割裂，使农田林网家庭承包经营模式只能在农户之间进行小范围流动，难以实现集体经济组织之间、地域间的大范围流动，造成了林地资源配置效率低下，难以实现林地生产要素的有效利用。村集体经营模式拥有农田林网林地收益权等权能的完整性，借助强势地位对农民承包经营收益进行侵占导致集体与农户间的收益分配不够合理。大户承包经营模式通过林地流转方式实现林地规模化经营，股份制经营模式通过招标、拍卖实现林地集约化经营，这两种方式通过规模集中经营农田林网来实现林业的规模经济效益，增加农田林网的经济效益，既推动了农田林网经济效益的快速增长，又成为了带动新型经营主体增收致富的新途径。林改后不同农田林网经营模式适用条件及问题如表3 – 3所示。

表3 – 3 不同农田林网经营模式适用条件及问题比较

经营模式	适用条件	主要问题
家庭承包经营模式	自留山、责任山、分包到户	林权经营自主性、稳定性较弱，资金筹集、经营技术、销售市场面临很大的阻碍
村集体经营模式	林地四至不清、资源权属不明、林改前集体林地已被承包且未到期	资金筹集、经营技术、渠道获取难度大
大户承包经营模式	宜林四荒地（荒山、荒地、荒沙、荒滩）	资金筹集、经营技术、渠道获取难度较大
股份合作经营模式	分股不分山、分利不分林	林权经营自主性、稳定性较弱，经营技术较为滞后

资料来源：根据调研数据所得。

第4章 新疆农田林网生态服务功能价值测度

4.1 评价指标筛选的原则

该原则是基于总结以往学者研究成果的指标，将其分类择优，并结合评估对象的区域特征及结构功能，最终提出反映内涵及本质的指标，从而保障评估工作的公正性和科学性。

（1）系统性原则。空间层次以及农田林网建设类型充分体现了农田林网生态服务功能价值评价指标体系的多属性、多变化以及多层次。因此，指标的选取和标准的建立需体现农田林网的发展历程，还应反映出农田林网系统与社会、环境及经济系统的协调性。

（2）科学性原则。科学性原则要求该指标体系需反映评价指标的内涵及本质。使每个指标的含义简明扼要，方法合理。

（3）可比性原则。该体系内指标需具备同意的量纲，对同一类型效益计量评价时可进行跨区域比较。

（4）全面性原则。该指标体系作为一个有机的整体，应具备静态及动态指标，以全面正确地评价农田林网的综合效益，体系内指标需能够测度被评价系统的主要特征和状况。

（5）独立性与稳定性原则。基于全面性，指标需实用、简洁并尽可能独立。综合指标搭配主要指标和辅助指标，且内容不宜大幅及高频变动，需具备一定的稳定性，从而较容易地分析和比较评价系统的发展历程和真实状况。

（6）可接受性原则。体系内各项指标需尽可能地通俗易懂。

4.2　测度指标体系构建

本书在对国内外农田林网生态系统服务功能评估指标进行综合分析与比较后，依据国家林业局2008年发布实施的中华人民共和国林业行业标准《森林生态系统服务功能评价规范》（LY/T 721—2008）和《荒漠生态系统评估规范》（LY/T 2006—2012）中提供的生态服务功能价值评估指标，结合新疆农田林网生态系统的特点，征询有关专家意见，对指标进行调整，最终筛选出新疆农田林网生态系统服务功能评估指标体系：作物增产、防风固沙、改善小气候、涵养水源、保育土壤、固碳释氧、积累营养物质7个方面、10个指标。

4.3　测度方法与数据来源

4.3.1　测度方法

在借鉴国家林业局颁布的《森林生态系统服务功能评估规范》（LY/T 721—2008）和《荒漠生态系统评估规范》（LY/T 2006—2012）基础上，结合实际确定评估指标以及计算公式。目前的主要评估方式有直接市场法、替代市场法和模拟市场法，而最被广泛接受的是模拟市场法中的条件价值法和直接市场法中的影子工程法、市场价值法和费用支出法。本书考虑到新疆农田林网自身的特点，采用影子工程法、市场价值法以及机会成本法对其进行生态服务功能价值的测算。

4.3.2　数据来源

（1）新疆 2014 年二类森林资源清查数据中包含的农田林网相关数据。

（2）单位实物量的价格参数来源于国家林业局颁布的《森林生态系统服务功能评估规范》（LY/T 721—2008）和《荒漠生态系统评估规范》（LY/T 2006—2012）。

（3）单位生物量实测数据由中国气象数据网、地理国情监测云平台、《新疆统计年鉴》以及公开发表文献获取。

4.4　新疆农田林网生态服务功能价值测度

新疆农田林网生态服务功能价值测度情况如表 4 - 1 所示。

表 4 - 1　农田林网生态系统功能价值评估公式及参数设置

功能类别	指标	计算公式	参数说明
作物增产	作物增产	$U_{作物增产} = A_{农田} K_{增} B_{农作物} C_{农作物}$	$U_{作物增产}$ 为农田林网存在增加的生态系统农作物总价值（元/年）；$A_{农田}$ 为农田种植面积（公顷）；$R_{农田}$ 为防护林庇护所导致的农作物产量增加率（%）；$B_{农作物}$ 为农作物单位面积平均产量（吨/公顷/年）；$C_{农作物}$ 为单位重量农作物价格（元/吨）
防风固沙	固沙	$U_{固沙} = A_{有植被} C_{固沙} （Q_{无植被} - Q_{有植被}）$	$U_{固沙}$ 为荒漠生态系统每年防风固沙价值量（元/年）；$A_{有植被}$ 为植被覆盖荒漠生态系统面积（公顷）；$C_{固沙}$ 为沙尘清理费（元/吨）；$Q_{无植被}$ 为无植被覆盖区域单位面积输沙量（吨/公顷/年）；$Q_{有植被}$ 为有植被覆盖区域单位面积输沙量（吨/公顷/年）

续表

功能类别	指标	计算公式	参数说明
改善小气候	降低温度	$U_{ti} = t \cdot C_t \cdot T_0 \cdot h \cdot A \cdot 10^{-4}$	U_{ti}是降低温度价值；t是效益核算时间，每年采用夏季7、8、9月的天数（天）计算；C_t是空调在单位容积内降低1℃的费用（元/立方米/天）；h是平均树高（米）；A为林地面积（公顷）；10^{-4}为换算系数
保育土壤	固土	$U_{固土} = AC_{土}(X_{无} - X_{林})/\rho$	$U_{固土}$为林地年固土价值（元/年）；$U_{肥}$为林地年保肥价值（元/年）；A为林地面积（公顷）；$C_{土}$为挖取和运输单位体积土方所需费用（元/立方米）；$X_{无}$、$X_{林}$为无林地和有林地的土壤侵蚀模数（吨/公顷/年）；ρ为土壤容量（吨/立方米）；氮、磷、钾、金属元素分别为林地土壤氮磷钾和有机质的平均含量（%）；R_1为磷酸二铵化肥含氮量（%）；R_2为磷酸二铵化肥含磷量（%）；R_3为磷酸二铵化肥含钾量（%）；C_1、C_2、C_3分别为磷酸二铵化肥、氯化钾化肥和有机质的价格（元/吨）
	保肥	$U_{肥} = A(X_{无} - X_{林})$ $(NC_1/R_1 + PC_1/R_2 + KC_2/R_3 + MC_3)$	
涵养水源	涵养水源	$U_{涵} = W \cdot P_{库} = (R - E) \cdot A \cdot P_{库}$ $= \Theta R \cdot A \cdot P_{库} = h \cdot A \cdot P_{库}$	$U_{涵}$为涵养水源的价值（元/年）；$U_{净}$为净化水质的价值（元/年）；W为水源涵养量（立方米/年）；R为平均降雨量（10^{-3}米/年）；E为平均蒸散量（10^{-3}米/年）；A为林地面积（公顷）；Θ为径流系数；h径流深（10^{-3}米）；$P_{库}$为目前的库容造价（元/立方米）；$P_{净}$为单位体积水的净化费用（元/立方米）
	净化水质	$U_{净} = W \cdot P_{净}$	
固碳释氧	固碳	$U_{碳} = AC_{碳}(1.63R_{碳} B_{年} + F_{土壤碳})$	$U_{碳}$、$U_{氧}$分别为年固碳价值和年释氧价值（元/年）；A为林地面积（公顷）；$B_{年}$为林木每公顷年净生长力（吨/公顷/年）；$C_{碳}$、$C_{氧}$分别为固碳价格和释氧价格（元/吨）；$R_{碳}$为CO_2中C的含量；$F_{土壤碳}$为每公顷土壤年固碳量（吨/公顷/年）
	释氧	$U_{氧} = 1.19C_{氧} AB_{年}$	

续表

功能类别	指标	计算公式	参数说明
积累营养物质	林木营养积累	$U_{营养} = AB_年(N_{营养}C_1/R_1 + P_{营养}C_1/R_2 + K_{营养}C_2/R_3)$	$U_{营养}$ 为防护林的年营养物质累积价值（元/年）；A 为林地面积（公顷）；$B_年$ 为林木每公顷年净生长力（吨/公顷/年）；$N_{营养}$、$P_{营养}$、$K_{营养}$ 分别为林木的含氮量、含磷量、含钾量（%）；R_1 为磷酸二铵化肥含氮量（%）；R_2 为磷酸二铵化肥含磷量（%）；R_3 为磷酸二铵化肥含钾量（%）；C_1、C_2 分别为磷酸二铵化肥、氯化钾化肥和有机质的价格（元/吨）

4.4.1　作物增产

林带的防护作用主要体现在防风效能上，由于林带导致的风速降低而引起的其他气象因子的变化，这些变化往往局限于林带周围近十米甚至百米，从而改善农田土壤物理性质和土壤肥力以提高作物产量。农田林网的农田防护面积按照宋翔（2011）、刘钰华等（1994）的研究成果：防护林使小麦增产11%左右，棉花增产8.84%左右；2014 年小麦和棉花的产量来源于《新疆统计年鉴（2015）》；2014 年小麦和棉花平均收购价格分别为 2.71 元/千克和11.29 元/千克。

4.4.2　防风固沙

林带属于稀疏结构，虽然对风产生了一定的阻拦和摩擦，但未能根本改变其方向，使其均匀穿过林带，并在穿越前进的途中不断消耗能量，使风速下降。由于农田林网对近地表气流的阻碍作用，降低风力侵蚀作用，主要原理是起沙风速降低使沙区输沙量降低，从而具备防风固沙的作用。

农田林网的固沙价值通过植被固沙量来计算。韩永伟（2011）曾计算有林地单位面积固沙量为 95.32 吨/公顷/年、灌木林地 94.94 吨/公顷/年、中覆盖度草地 80.25 吨/公顷/年、低覆盖度草地 51.82 吨/公顷/年。本部分采用此数据进行推算，单位面积固沙量 95.32 吨/公顷/年，沙尘清理费借用工业分成排污收费标准150元/吨。

4.4.3 改善小气候

对流层大气主要热源为地面长波辐射,离地面越高吸收的长波辐射能越少,因此气温具有明显的垂直分布规律,即随距离地表的高度越高,气温越低。空旷地地表通过白天吸收太阳辐射而迅速升温,进而以地面辐射的形式将热量传播到大气,从而使温度迅速升高;夜间空旷地保温效果却很差,白天储存的热量迅速消失殆尽,从而温度迅速下降;相比之下,有植被覆盖的地表与区域温度变化相对缓慢,植被覆盖下的地表辐射传播热量相对空旷地拉长了温度变化的周期,对大气起到了很好的保温作用。防护林改善小气候主要体现在:温度较低的春季和冬季,防护林对林地产生了很好的增温效果。夏季的高温使植物产生蒸腾作用,增加了空气的湿度并降低了大气的温度。因此新疆呈现明显的温带大陆性干旱气候,具有降水稀少、蒸发强度大、冬季寒冷、夏季炎热、温差较大、季节特征显著等特征。地处干旱地区的新疆降水少,而防护林网对空气相对温度的调节,使气温和地温相对稳定,有利于作物的生长发育,对农业生产具有积极意义。

到目前为止,核算林地改善小气候的价值多从间接效益保护农田出发,存在忽略改善小气候所降低温度的价值(郭雨华,2009)。本书将森林总容积量视作一个"大房间",该"大房间"的容积通过当地平均林高乘以林地面积得出。通过计算林地降低的气温核算出"大房间"内下降低温度的物质量。再根据该体积降低到同样温度所需的空调成本等价替换出森林降低气温的价值。通过林木所降低的夏季气温,选取7~9月,每月按30天计算,核算出防护林这个"大房间"内降低温度的物质量。再根据该体积内降低一定温度所需的空调成本等价替换出防护林降低气温的价值。以夏季普通空调在单位容积内降低1℃的费用为1元计,据党普兴(2013)研究杨树平均树高为9.4米,测得夏季林网外与林网内温度降幅在1.0℃~5.3℃,本书林木所降低的夏季气温取其平均值3.15℃。

4.4.4　保育土壤

无林地的土壤侵蚀模数为 80.73 吨/公顷/年，成熟林的土壤侵蚀模数采用阔叶林地的数据 20.45 吨/公顷/年，近熟林和过熟林采用乔木经济林数据 22.45 吨/公顷/年，中幼龄林采用疏林数据 50.41 吨/公顷/年（张毓涛等，2015）。挖取和运输单位体积土方所需费用（20 元/立方米）、土壤容量 1.66 吨/立方米、本书取我国耕作土壤的平均厚度 0.6 米作为平均森林土层厚度（王效科，2001），根据有关研究可知各龄林的全氮、全磷、全钾含量，再根据林地土壤含氮、磷、钾量和最后根据各种肥料的市场价值参考森林生态服务功能评估社会公共数据表。

4.4.5　涵养水源

地理条件的独特以及气候的干旱造成水资源短缺，农作物生产无法得到保障，严重威胁人类的生存，水源涵养作为农田林网主要的生态服务功能之一，能够有效储存土壤水分、调节地下水流量等，创造适宜农地和人类生产生活的生态环境。水源的涵养是在林冠、枯枝落叶以及土壤的共同作用下完成的，林冠通过对雨水的截留，以减缓地表径流形成，枯枝落叶减少了雨水落下时对土壤层的侵蚀作用，减小了地表径流的流速，土壤则通过增加雨水的下渗能力，增加土壤水分含量，调节地表径流量。因此农田林网对增加土壤水分含量和调节地表径流量均有重要影响。本章采用影子工程法计算涵养水源的价值：$U_{涵} = W \cdot P_{库} = (R - E) \cdot A \cdot P_{库} = \Theta R \cdot A \cdot P_{库} = h \cdot A \cdot P_{库}$。

其中，$U_{涵}$ 为涵养水源的价值（元/年）；W 为水源涵养量（立方米/年）；R 为平均降雨量（10^{-3} 米/年）；E 为平均蒸散量（10^{-3} 米/年）；A 为研究区面积（公顷）；Θ 为径流系数；h 径流深（10^{-3} 米）；$P_{库}$ 为目前的库容造价 8.47 元/立方米。

净化水质价值计算采用替代工程法来计算：$U_{净} = W \cdot P_{净}$。

其中，$U_{净}$ 为净化水质的价值（元/年）；W 为水源涵养量（立方米/年）；$P_{净}$ 单位体积水的净化费用采用李青（2015）运用网格法所测得的单位体积净化水的费用 2.61 元/立方米。

4.4.6 固碳释氧

土壤每年向大气释放的 CO_2 为 7.6×10^{10} 吨碳，其远远超过每年化石燃料燃烧所排放的 5×10^9 吨碳。全球农业减排的技术潜力高达每年 5.5×10^{10} 吨 CO_2 当量，其中 90% 来自减少土壤 CO_2 释放（即土壤固碳）。绿色植物的光合过程也是初级生产的过程，该过程将大气中的 CO_2 转变为有机物，将其以多糖的形式储存在植物内，同时释放出人类所需的 O_2。植物再通过呼吸作用不断地将有机物分解为 CO_2 和水等简单的无机物，从而为植物本身提供所需能量。因此，植物本身对人类的生存和发展具有不可或缺的作用，防护林系统既具备植物释放 O_2，维持大气的碳氧平衡，改善环境的作用，同时也具备防风固沙的作用。

B 年（每公顷年净生产力吨/公顷/年）= rz，其中 r（吨/公顷）为林木每生长 1 立方米蓄积折合树干的生物量，z（立方米/公顷/年）为林木每公顷年净生长量，根据方精云（1996）的研究，杨树每公顷年净生产力为 10.430 吨/公顷/年、乔木经济林 9.2 吨/公顷/年、疏林 9.046 吨/公顷/年，本书成熟林直接采用杨树数据，近熟林和过熟林采用乔木经济林数据，中幼龄林采用疏林数据。森林植被每公顷年均固碳释氧量：根据光合作用和呼吸作用化学公式可知，形成 1 吨干物质可以固定 1.63 吨 CO_2、释放 1.19 吨 O_2。CO_2 中碳含量为 27.27%，以此为基础，估算出农田林网每公顷年固碳量和固氧量。F 土壤碳（吨/公顷/年）为森林土壤年均固碳量，根据党普兴（2013）的研究，在相同土壤容重情况下，阔叶林碳储量低于经济林，因此成熟林每公顷土壤年均固碳量取 3.83 吨/公顷/年，近熟林和过熟林按每公顷土壤年均固碳量的 80% 计算，即 3.064 吨/公顷/年，中幼龄林按 60% 计算，即 2.298 吨/公顷/年。固碳价格和释氧价格参考森林生态服务功能评估社会公共数据表。

4.4.7　积累营养物质

农田林网在生产过程中将从外界吸收的氮、磷、钾等多种物质储存在树体内，这些物质部分通过林木成长过程中化学循环以枯枝落叶的形式归还土壤，其余部分以林产品形式离开生产系统，经过利用再通过不同形式进入环境中。植物内所含营养物质是从土壤、降水及大气中汲取并储存，储存含量体现了植物的吸收养分的能力。通过生化反应，林木可以吸收与分散氮（N）、磷（P）、钾（K）等营养物质，林木中的营养元素含量采用韦惠兰等（2016）在其文章中收录的辛学兵《中国森林生态系统各气候带优势植物化学成分》中的数据，成熟林借用阔叶林氮、磷、钾的含量分别为 2.58%、0.086%、2.263%；近熟林和过熟林借用针叶林数据分别为 2.35%、0.163%、1.162%；中幼龄林借用灌木林数据，分别为 2.58%、0.011%、0.953%。

4.5　测度结果与分析

根据上节所示的公式以及公式中各参数数据计算得出新疆农田林网生态服务价值量，如表 4-2 所示。

表 4-2　2014 年新疆农田林网生态系统服务功能价值量

单位：10^2 万元/年

地区	作物增产	防风固沙	改善小气候	保育土壤	涵养水源	固碳释氧	积累营养物质	总价值量
乌鲁木齐	0.82	33.11	6.17	22.18	1.15	44.51	10.62	118.56
克拉玛依	15.06	66.11	12.32	20.43	1.37	85.13	20.36	220.77
吐鲁番	29.77	46.85	8.73	20.89	0.21	61.07	14.53	182.06
哈密	83.95	26.86	5.01	11.70	0.07	35.21	8.43	171.23

续表

地区	作物增产	防风固沙	改善小气候	保育土壤	涵养水源	固碳释氧	积累营养物质	总价值量
昌吉州	539.15	179.20	33.40	92.08	2.56	235.73	56.12	1138.23
博州	111.02	51.05	9.52	28.91	1.79	67.85	16.22	286.35
巴州	563.89	217.64	4.06	128.76	1.25	290.14	69.28	1311.51
阿克苏	1081.17	430.01	80.15	280.76	14.19	577.54	138.05	2601.87
克州	90.20	145.20	27.06	103.07	1.15	193.66	45.65	606.01
喀什	1338.76	701.48	130.74	361.79	5.58	924.27	220.33	3682.94
和田	213.91	519.46	96.82	155.23	2.01	593.33	141.79	1722.55
伊犁州直属	304.90	324.54	60.49	132.12	20.96	421.60	100.47	1365.10
塔城	649.07	360.83	67.25	133.42	23.31	467.95	111.86	1813.69
阿勒泰	45.28	371.22	69.19	148.87	16.76	409.04	98.08	1158.44
合计	5066.93	3473.57	647.41	1672.55	92.37	4562.15	1088.96	16603.93

4.5.1 农田林网生态系统服务功能的价值量

由表4-2可知，新疆农田林网生态系统服务七大功能的总价值在2014年达1660393.04万元，其中作物增产价值506692.67万元/年，防风固沙价值347356.86万元/年，改善小气候价值64741.31万元/年，保育土壤价值167254.31万元/年，涵养水源价值9236.88万元/年，固碳释氧价值456214.77万元/年，积累营养物质价值108895.95万元/年。

各种服务功能的价值大小顺序为：作物增产 > 固碳释氧 > 防风固沙 > 保育土壤 > 积累营养物质 > 改善小气候 > 涵养水源。如图4-1所示，以作物增产方面的贡献率最大，占30.52%；其次为固碳释氧，占27.48%；防风固沙占20.92%；其余4个方面的贡献率仅占21.08%。

各地区农田林网生态服务功能价值在11855.97～368293.80万元/年，按照功能价值排序依次为：喀什 > 阿克苏 > 和田 > 塔城 > 伊犁州直属 > 巴音郭楞蒙古自治州（后文用巴州代替）> 阿勒泰 > 昌吉回族自治州（后文用昌吉

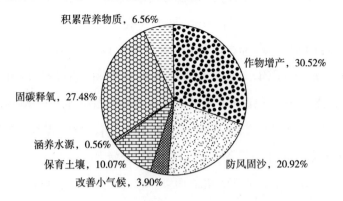

图 4-1 生态系统服务功能价值结构

州代替）＞克孜勒苏柯尔克孜自治州（后文用克州代替）＞博尔塔拉蒙古自治州（后文用博州代替）＞克拉玛依＞吐鲁番＞哈密＞乌鲁木齐。由图 4-2 可看出，南疆的农田林网生态服务价值普遍高于北疆的。

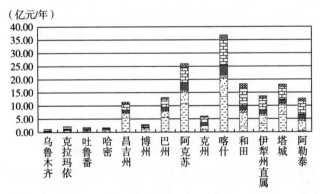

图 4-2 2014 年各地区农田林网生态系统服务功能价值分布

4.5.2 单位耕地面积防护价值

如表 4-3 所示，新疆单位耕地面积防护总价值为 61.48 万元/公顷/年，各生态服务功能的价值分别为：作物增产价值 22.82 万元/公顷/年，防风固沙价值 11.64 万元/公顷/年，改善小气候价值 2.17 万元/公顷/年，保育土壤价值 5.66 万元/公顷/年，涵养水源价值 0.25 万元/公顷/年，固碳释价值 15.29 万元/公顷/年，积累营养物质价值 3.65 万元/公顷/年。各生态服务功能价值的平均值为 8.78 万元/公顷/年，其中改善小气候、保育土壤、涵养水源和积累营养物质的生态服务贡献量均低于平均水平。

表 4 - 3   2014 年各地区单位耕地面积农田林网生态服务功能价值

单位：万元/公顷/年

地区	作物增产	防风固沙	改善小气候	保育土壤	涵养水源	固碳释氧	积累营养物质	总价值
乌鲁木齐	0.00	0.06	0.01	0.04	0.00	0.09	0.02	0.23
克拉玛依	0.04	0.16	0.03	0.05	0.00	0.20	0.05	0.53
吐鲁番	0.19	0.30	0.06	0.13	0.00	0.40	0.09	1.17
哈密	0.20	0.13	0.02	0.07	0.00	0.17	0.04	0.65
昌吉州	0.76	0.23	0.04	0.12	0.00	0.31	0.07	1.53
博州	0.26	0.10	0.02	0.06	0.00	0.13	0.03	0.61
巴州	3.00	0.89	0.17	0.54	0.01	1.19	0.28	6.07
阿克苏	3.69	0.73	0.14	0.44	0.02	0.97	0.23	6.21
克州	1.04	1.78	0.33	1.17	0.01	2.37	0.56	7.27
喀什	9.65	1.93	0.36	0.96	0.02	2.54	0.60	16.06
和田	2.15	1.51	2.26	0.42	0.74	0.01	2.92	0.70
伊犁州直属	0.78	0.61	0.11	0.25	0.04	0.80	0.19	2.78
塔城	1.46	0.70	0.13	0.26	0.05	0.91	0.22	3.71
阿勒泰	0.24	1.76	0.33	0.83	0.08	2.31	0.55	6.10
合计	22.82	11.64	2.17	5.66	0.25	15.29	3.65	61.48

各种服务功能的价值大小顺序为：作物增产 > 固碳释氧 > 防风固沙 > 保育土壤 > 积累营养物质 > 改善小气候 > 涵养水源。如图 4 - 3 所示，以作物增产方面的贡献率最大，占 37.12%；其次为固碳释氧，占 24.87%；防风固沙

占 18.93%；其余 4 个方面的贡献率仅占 19.08%。各地区的单位耕地面积防护价值在 0.23 万元/年 ~16.06 万元/年，其防护价值大小依次是：喀什 > 和田 > 克州 > 阿克苏 > 阿勒泰 > 巴州 > 塔城 > 伊犁州直属 > 昌吉州 > 吐鲁番 > 哈密 > 博州 > 克拉玛依 > 乌鲁木齐，如图 4-4 所示。

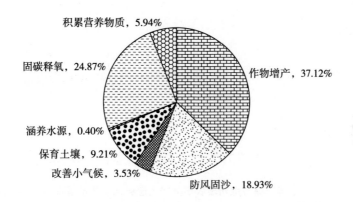

图 4-3　单位耕地面积生态系统服务功能价值结构

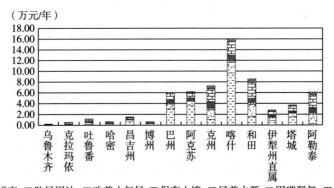

图 4-4　各地区单位耕地面积生态系统服务功能价值分布

通过 SPSS 软件分析，对新疆的生态服务功能价值进行（平方 Euclidean 距离）聚类分析，得到如图 4-5 所示结果。

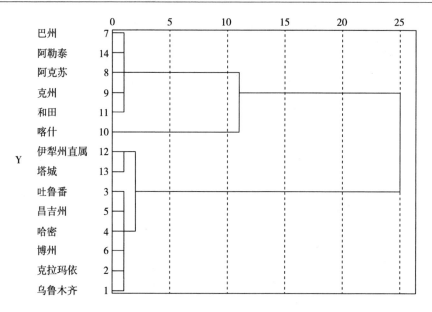

图 4 – 5 2014 年新疆各地州市农田林网生态服务功能价值聚类分析结果

结果显示，若组间间距为 10，可分为三类：喀什地区地处南疆，自然生态条件恶劣，农业生产和民众生活水平对农田林网依赖程度较大，其产生的生态服务体现也较为明显，因此单位耕地面积生态服务价值最大，其价值为 16.06 万元/公顷/年，是生态服务价值最高的一类，且远远高于其他地区。巴州、阿勒泰、阿克苏、克州和和田的单位耕地面积农田林网生态服务功能价值处于第二梯队，其价值在 6.07 万元/公顷/年 ~8.56 万元/公顷/年，主要功能体现在防风固沙、作物增产和固碳释氧方面，第二梯队防风固沙总价值为 7.41 万元/公顷/年，作物增产总价值为 9.48 万元/公顷/年，固碳释氧总价值为 9.75 万元/公顷/年，占其总价值的 77.88%。伊犁州直属、塔城、吐鲁番、昌吉、哈密、博州、克拉玛依和乌鲁木齐处于第三梯队，其价值在 0.23 万元/公顷/年 ~3.71 万元/公顷/年，主要功能也体现在防风固沙、作物增产和固碳释氧三个方面，防风固沙总价值为 2.30 万元/公顷/年，作物增产总价值为 3.68 万元/公顷/年，固碳释氧总价值为 3.00 万元/公顷/年，占其总价值的 80.22%，涵养水源和改善小气候功能最差。

4.6　本章小结

　　本章对新疆农田林网生态系统服务价值进行了测算，结果表明农田林网生态系统服务八大功能的总价值 2014 年可达 1660393.04 万元，各种服务功能的价值大小顺序为：作物增产 > 固碳释氧 > 防风固沙 > 保育土壤 > 积累营养物质 > 改善小气候 > 涵养水源；以作物增产价值方面的贡献率最大，占30.52%；其次为固碳释氧，占 27.48%；防风固沙占 20.92%；其余 4 个方面的贡献率仅占 21.08%。

　　各地区农田林网生态服务功能价值排序依次为：喀什 > 阿克苏 > 和田 > 塔城 > 伊犁州直属 > 巴州 > 阿勒泰 > 昌吉州 > 克州 > 博州 > 克拉玛依 > 吐鲁番 > 哈密 > 乌鲁木齐。

　　新疆单位耕地面积防护总价值为 61.48 万元/年，其中作物增产价值22.82 万元/年，防风固沙价值 11.64 万元/年，改善小气候价值 2.17 万元/年，保育土壤价值 5.66 万元/年，涵养水源价值 0.25 万元/年，固碳释氧价值 15.29 万元/年，积累营养物质价值 3.65 万元/年。其防护价值大小依次是：喀什 > 和田 > 克州 > 阿克苏 > 阿勒泰 > 巴州 > 塔城 > 伊犁州直属 > 昌吉州 > 吐鲁番 > 哈密 > 博州 > 克拉玛依 > 乌鲁木齐。

第5章 新疆农田林网生态服务功能区域差异分析

5.1 新疆农田林网生态服务功能价值空间区域分布

5.1.1 作物增产

农田林网的防护价值是指其保护农田免受自然灾害影响，使作物增产的价值。由图 5-1 可以看出，作物增产价值较高的区域主要集中在南疆地区，如塔城的额敏县、托里县，喀什地区的巴楚县、叶城县，阿克苏的新和县、沙雅县，防护价值最低的是伊吾县、乌鲁木齐县等。作物增产价值最高的区域是塔城地区的托里县，其地处准噶尔盆地西部山区，地势南高北低，三面环山易受冷空气侵袭，又因气流等因素影响形成的风口处林木较少，阻风能力较差，导致其生态环境脆弱，农作物受大风影响减产严重，农田林网对其起到较好的保护作用。总体来说，南疆地区自然生态环境较差，作物受生态环境影响大，农田林网对农田生产起到较显著的保护作用，因而作物增产价值较高；北疆生态环境相对较好，农田林网对农田起到一定的保护作用，但效果不似南疆显著。

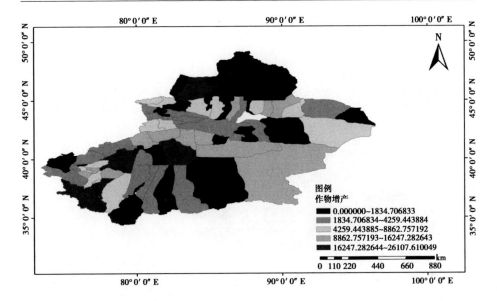

图 5 – 1 新疆县域作物增产价值空间分布

注：基于国家测绘地理信息局标准地图服务网站下载的审图号为 GS（2020）4192 号的标准地图制作，底图无修改（下同）。

5.1.2 防风固沙

新疆受境内两大沙漠的影响，四季内常出现风沙天气，而风沙天气所带来的风沙灾害早已成为新疆绿洲尤其是平原绿洲的主要威胁之一。防风固沙价值最高的区域是和田的洛浦县，其地处昆仑山北麓，北靠塔克拉玛干沙漠，沙漠面积占其土地总面积的 84%，气候干燥多风沙，农田林网对于改善当地生态环境起到较明显的作用。总体来说，防风固沙价值较高的区域是古尔班通古特沙漠西南缘的绿洲、塔克拉玛干沙漠南缘的绿洲（尤其是喀什和阿克苏）和塔里木河下游处在沙漠之中的绿洲，与其风沙灾害严重程度一致，输沙量大，同时阻沙量增加，则产生的防风固沙价值高；防风固沙价值较低的区域是奎屯、巴里坤、库尔勒、伊犁州直属等地，其境内森林资源相对较丰富，其抵御风沙灾害能力也相对较强，农田所受到的风沙灾害相对较轻，因此农田林网的防风固沙价值处于较低水平，具体如图5-2所示。

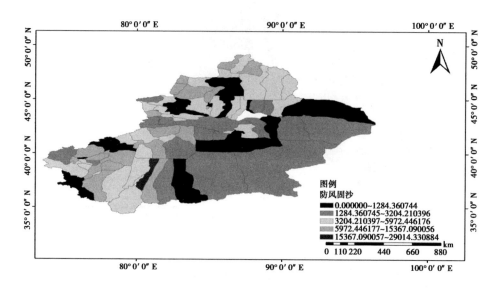

图5-2　新疆县域防风固沙价值空间分布

5.1.3　改善小气候

新疆呈现明显的温带大陆性干旱气候，具有降水稀少、蒸发强度大、冬季寒冷、夏季炎热、温差较大、季节特征显著等特征。这是由于空旷地地表通过白天吸收太阳辐射而迅速升温，进而以地面辐射的形式将热量传播到大气，从而使温度迅速升高；夜间空旷地保温效果却很差，白天储存的热量迅速消失殆尽，从而温度迅速下降，也因此有了"早穿皮袄午穿纱"的说法。防护林改善小气候主要体现在：温度较低的春季和冬季，防护林对林地产生了很好的增温效果。夏季的高温使植物产生蒸腾作用，增加了空气的湿度并降低了大气的温度。有研究表明，农田林网在春季可使气温提高0.29℃，秋季提高0.2℃，夏季则可降温0.76℃，在绿洲内部降温最为明显，达1.14℃（李荔，2016）。新疆干旱少雨，防护林网对空气相对温度的调节，使气温和地温相对稳定，有利于作物的生长发育，对农业生产具有积极意义。

改善小气候价值的空间分布与防风固沙价值的空间分布一致，价值最高的是和田地区的洛浦县，价值较高的区域是古尔班通古特沙漠西南缘的绿洲、塔克拉玛干沙漠南缘的绿洲（尤其是喀什和阿克苏）和处在沙漠之中的塔里木河下游绿洲，由于当地风沙灾害严重，必然会造成农田小气候恶劣，气温和地温不利于农作物生长，所以农田由于受到农田林网的防护，使气温和地温相对稳定，有利于作物的生长发育，其产生的价值也相对较高；价值较低的区域是奎屯、巴里坤、伊犁州直属等地，农田所受到的风沙灾害相对较轻，对农田小气候产生的影响相对较小，其产生的价值也相对较低，具体如图 5 –3所示。

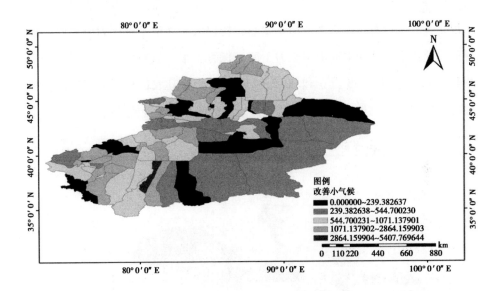

图 5 – 3　新疆县域改善小气候价值空间分布

5.1.4　保育土壤

农田林网可以减少土壤侵蚀量、保护和提高土壤肥力，在建设农田林网之后，由于林地对风沙的阻隔，风沙中的沙尘物质被滞留在林内并逐渐沉积，以及落叶枯枝等经过自然降解后以增加土壤有机质含量。此外，落叶枯枝堆积在土壤表面还可以抑制沙尘,对土壤起到保湿保温的作用,提高土壤固土保肥的能力。保育土壤价值主要由固土和保肥两部分价值构成,主要受无林地和有林地的土壤侵蚀模数、土壤容量以及林地土壤氮、磷、钾和有机质的平均含量影响,又因为土壤侵蚀模数受林龄结构不同的影响,成熟林土壤侵蚀模数比中幼林龄小,所以各个地区保育土壤的经济价值就与各地区的林龄结构密切相关。

由图5-4可以看出,全疆总体上保育土壤价值处于中低水平,这是由于:一方面,新疆农田林网总体上处于中幼林龄的阶段,土壤侵蚀模数较大,其保育土壤的经济价值较低;另一方面,新疆农田林网所采用树种80%以上为杨树,而杨树适应力非常强,根系发达,生长速度极快,虽然这对于杨树来说是优点,但对于土壤来说却是缺点,杨树大量汲取土壤肥力以完成其自身的快速成长,从而造成土壤肥力下降。保育土壤价值较高的是莎车县和洛浦县,分别为8125.53万元和9092.51万元,由于其农田林网面积较广,植被覆盖较好且成熟林占比较多,因此该地区的保育土壤价值较高。

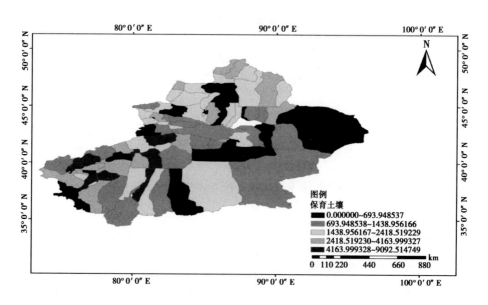

图5-4 新疆县域保育土壤价值空间分布

5.1.5　涵养水源

农田林网涵养水源功能主要由降雨量、蒸发量和径流量决定，径流是指降雨经过防护林的阻隔以及土壤吸收后所剩余的水流，是造成水土流失和土壤侵蚀的重要原因。由于林冠、土壤表面落叶层等对降雨的拦截，在很大程度上减弱了雨水的侵蚀力，同时有效补给地下水。孙浩等（2018）对新疆农田林网网对蒸散量的研究，表明防护林不仅能够有效降低绿洲农田蒸散量，而且林网密度与结构也对蒸散量有明显的影响。

由图5-5可看出，北疆整体涵养水源价值处于较高水平，整个南疆区域加上哈密以及吐鲁番均处于涵养水源价值较低水平，涵养水源价值与区域降水量、蒸散量有关，而新疆降水呈现出南疆降水量少于北疆、东部降水量少于西部、背风坡降水量少于迎风坡、平原降水量少于山地、盆地中心降水量少于盆地边缘的分布规律，又因南疆的气温高于北疆，因而北疆涵养水源价值较高，尤其是阿勒泰地区，降水丰沛、蒸散量较少，农田林网的涵养水源的价值在全疆内属于较高水平；南疆以及东部地区的哈密、吐鲁番涵养水源的价值相对较低。

5.1.6　固碳释氧

固碳释氧价值测算涉及的指标包括植物固碳释氧和土壤固碳两部分，主要受每公顷年净生产力和森林土壤年均固碳量影响，因此对农田林网固碳释氧价值测算所需的指标为林木每生长1立方米蓄积折合树干的生物量，估算出农田林网每公顷年固碳量和固氧量。

如图5-6所示，阿克苏和喀什等南疆地区相对较高，哈密、昌吉州以及伊犁州直属等相对较低，总体而言，全疆固碳释氧价值处于中低水平，与保育土壤价值一致，一方面由于新疆农田林网以杨树为主，而杨树其强大的生长能力使土壤肥力下降，由此土壤内有机质减少；另一方面由于新疆农田林网大多处于中幼龄林阶段，而杨树以成熟林的碳储量最高，因此新疆整体固碳释氧价值偏低。洛浦县相较于其他地区固碳释氧价值最高，可能的原因是

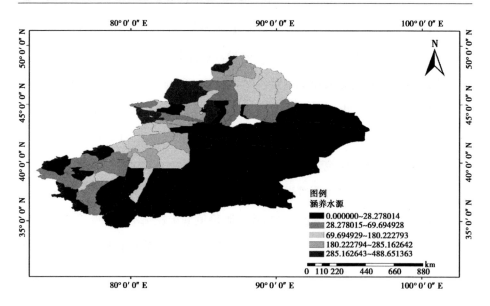

图 5 - 5　新疆县域涵养水源价值空间分布

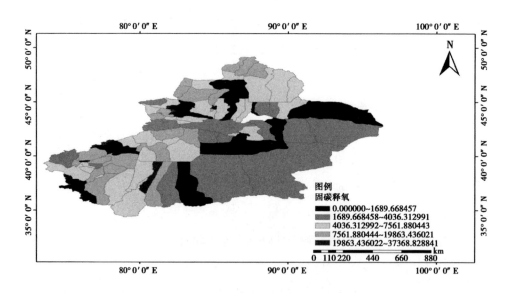

图 5 - 6　新疆县域固碳释氧价值空间分布

洛浦县农田林网覆盖较广且成熟林较其他地区多。由此可见，随着时间推移新疆农田林网会不断向成熟林过渡，因而固碳潜力巨大。巴里坤固碳释氧价值在新疆处于低水平，巴里坤位于亚欧大陆腹地，属于温带大陆性冷凉干旱气候区，其平均海拔在 1650 米左右，在海拔 3600 米之上的山峰终年积雪，冬季严寒，县内极端气温达到 –43.6℃，全年气温均较低，仅 5～8 月为林木、作物生长期，导致林木生长缓慢，林木大都处于中幼林龄阶段，固碳释氧量低。

5.1.7　积累营养物质

农田林网营养物质的积累和贮存是通过在大气、降水和土壤中发生生化反应，从而吸收氮、磷、钾等所需营养物质输送至各器官内。积累营养物质价值主要受各龄级林地土壤氮、磷、钾和有机质的平均含量影响，新疆农田林网积累营养物质较多的区域主要集中在喀什、和田、塔城等地区，哈密、伊犁州直属、巴州等营养物质积累较低，一方面是由于成熟林氮、磷、钾含量高，南疆地区的农田林网中成熟林相对较多；另一方面是由于这些地区生态环境相对较差，杨树需要更发达的根系去汲取土壤中的营养物质以保证自身生长，因而导致林木从土壤、大气和降水中汲取较多营养物质，具体如图 5–7 所示。

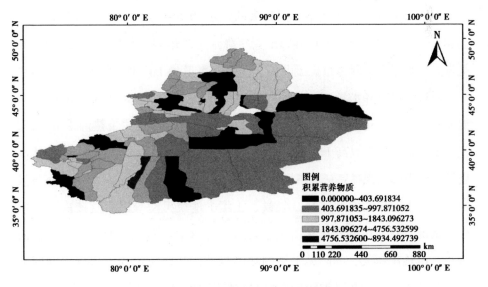

图 5–7　新疆县域积累营养物质价值空间分布

5.2　新疆农田林网生态服务功能区域差异问题搜寻

上述图示部分直观地展现了农田林网各个生态服务功能的区域差异情况，从中我们可以看出新疆各地区农田林网的生态系统服务功能价值确实存在很大的区域差异，在进行南北疆整体区域差异分析的同时，也要找出不同典型区域自身的区域差异性。其中洛浦县在各个生态系统服务功能价值中均处于较高水平，伊犁州直属地区各县均处于较低水平，奎屯县价值最低，因此本节区域差异问题搜寻以洛浦县为例，从中分析出新疆农田林网的生态系统服务功能价值水平区域差异的原因。

5.2.1　立地条件

新疆受境内两大沙漠影响，气候条件恶劣，北疆每年的日照时间多处于2800～3000小时，南疆年均日照时间处于2700～3000小时，年日照率占全年的60%～70%，属于典型的温带大陆性干旱气候，该气候具有降水量少、蒸发量大以及地域分布不均等特征。年降水量少体现在年均降水量仅为147毫米，呈现出南疆降水量少于北疆、东部降水量少于西部、背风坡降水量少于迎风坡、平原降水量少于山地、盆地中心降水量少于盆地边缘的分布规律；温差较大体现在年均气温低达9.7℃，凸显冬季寒冷、夏季炎热的季节特征；呈现出南疆年均气温高于北疆、平原年均气温高于山区、年均气温随海拔高度增加而上升的规律特征。不同防护林立地条件的差异使防护林内的小气候也随之产生同样的空间差异，气候、土壤、地质类型等因素直接决定林木生长情况，从而影响农田林网生态效益。已有学者研究表明，植被覆盖面越小、疏透度越大，其防风阻沙的效益越差，从而防治地表土壤侵蚀的能力越弱，越不利于提高被防护农田的产量和沙漠小气候环境的改善。其中，洛浦县生态价值最高，奎屯市生态价值整体上处于较低水平，因此，将两者进行对比，从中发展立地条件方面的差异对生态价值所产生的影响。

洛浦县位于昆仑山北麓，北靠塔克拉玛干沙漠其地形南高北低，分四种地貌类型：第一种是南部的中山带海拔 3300 米以上，最高山为海拔 5466 米的铁克勒克山；第二种是山腰起伏带海拔 1500～3300 米；第三种是山前冲积扇和冲积洪积平原，地表砂砾石裸露，土壤贫瘠；第四种是北部的沙漠区，沙漠面积占其土地总面积的 84%。总体来说，土地利用特征为土地资源丰富，但质地轻、结构差、有机质含量低，养分贫瘠，洛浦县年均气温 7.8℃～12℃，年降水 35.2 毫米，干燥多风沙，属于极度干燥的大陆性气候，空气干燥、蒸发量大、多沙暴、多浮尘，全年西风盛行，且携带大量沙尘和干热风，是当地主要气候灾害。境内无河流，绝大多数地区无法形成地表径流。奎屯市位于奎屯河畔，天山北麓中部，准噶尔盆地西南部，南距天山山脉约 50 千米，西距奎屯河约 8 千米。地貌类型为天山北坡山前冲积扇缘，海拔为 450～530 米，无山峦高峰，地势开阔，西南高、东北低，土层厚多为灰钙土，少盐碱化，肥力充足且水利条件好。由于奎屯处于欧亚大陆腹地，因此气候属于北温带大陆性气候，高空受西风带天气系统影响的同时还受到副热带天气系统的影响，又因为天山山脉对北方冷空气的拦截作用，奎屯市年均气温 6.5℃，年降水 182 毫米，年径流量为 6.4 亿立方米，历年平均流量为 20.1 立方米/秒，远远高于新疆平均年降水量，地表水资源相对丰富，加上农业气象灾害是新疆各地区灾害发生率最少的地区之一，适宜大部分农作物生长。通过对比发现，洛浦县较奎屯县立地条件差，从土壤、气候、降水、自然灾害等多方面体现出其生态环境恶劣，导致其对农田林网的需求较大，其产生的生态服务也在洛浦县更易被感知。

5.2.2　林网结构

新疆农田林网树种结构单一、林龄比例不协调、防护效益日渐低下，已成为制约各县域农田林网可持续经营乃至于农业经济发展的关键问题，因此，对新疆各个县域农田林网进行因地制宜的合理林网布局,混交树种的最优配置比例,丰富造林树种,优化林网结构亟待改善。在新疆农田林网的建设和更新中,其生态安全未被林权拥有者重视,以至于其在进行农田林网建设或更新时,过分追求经济收益,而营造速生的新疆杨纯林。然而研究表明:乔木类型混交林的防护效能比单一树种的纯林高43.8%,由于农田林网所导致的农作物减产率,混交林相较纯林低57.5%(王葆芳,2008)。混交林不但有利于农田林网的可持续经营,而且具有良好的生态经济效益。此外,由于纯林比例过大,易造成病虫害等危及防护林以及农田生态安全。以行政区划来分析,洛浦县处于农田林网生态价值较高水平,对其林网结构的分析有利于对其他生态价值低的地区提供林网建设的参考,将其与霍城县做比较分析,以直观地探析出其生态价值在林网结构角度上处于较高水平的原因。

洛浦县自1978年开展农田林网化的防护林体系建设,于20世纪80年代中期实现农田林网化,20世纪90年代中期开始进行大批农田林网更新,90%的农田得到了保护。洛浦县农田林网以"窄林带、小网格"模式为主,根据洛浦县农田林网资源调查数据显示,农田林网年龄为1~35年,有77.29%处于7~16年,根据新疆杨防护成熟龄为12年(朱玉伟等,2012)可知,洛浦县近熟林和成熟林占比较高。主要树种有新疆杨、胡杨、怪柳、沙枣、枣树、葡萄、桑树、核桃树、苹果树等,农田林网普遍采用4~6行低透风度的窄林带,林网规格为(200~300)米×(400~600)米,行距为1~1.5米,株距约为1米,宽度不超过10米,属于疏透结构,有效防护距离为20倍(20H)以上。防护林建设模式主要为纯林,占比约为88.71%;其次为混交林。混交林其中绝大多数为乔(生态)—乔(生态)混交:新疆杨—白榆、新疆杨—沙枣;乔(生态)—乔(经济)混交,占比为7.49%;新疆杨—苹果、新疆杨—核桃,占比为3.69%;生态经济三树种混交:新疆杨—核桃—沙枣、新疆杨—核桃—桑树等,占比为0.11%。伊犁州直属以霍城县为例,主导产业为小麦,于20世纪90年代开始提倡条带林网化,林网结构由镇政府于 1983 年规划，无后继更新，条田面积 100～120 亩，防护林带间距 100 米，农田林网主要建设类型为纯林，其 95% 为杨树。由于 2014 年树木价格下跌，大量防护林被砍伐，2018 年开始重新栽种防护林，并增加生态、经济树种混交，如杨树—杏树；在空地、荒地种植防护林政府给予 300 元/亩的价格补贴，秋季验收成活率达 85% 再给予 300 元/亩的补助，所栽种树木全部归属个人。由以上可以看出，洛浦县于 20 世纪 80 年代中期就已基本实现农田林网化，其后期在不断地改进林网结构，提高混交比例，增强农田林网体系的稳定性，使其生态服务能够较好地发挥。而伊犁州直属霍城县林带间距较大，树种单一，且更新补植不及时，导致其生态服务价值低。

5.2.3　抚育力度

关于农田林网的日常管护，林业局当前管理制度尚不完善，作为对农田林网各项管理工作的监督、检查、考核部门，未列明各项监督检查事项细则，在农田林网的管护工作落地实施的过程中，受到不同程度的阻碍。不仅如此，还在农田林网病虫害防治、枯枝打理等方面缺乏管护相关培训，对农田林网的管护工作十分不利。由于一方面"林随地走"，耕地旁农田林网管护工作由所持有该农地的农户负责；另一方面由农户承包，而其往往疏于对防护林的打理，对农田林网的打理也仅限于浇水、打药。林业局对管护农田林网的农民没有专业技能知识的考核，也没有建立相应的管理制度，在日常农田林网的管护工作中，对农户没有考核及要求，也没有相应的制度，从而对管护人员没有约束力度。农田林网管护工作的不达标、监督力度不足、工作落实力度不够等问题都在一定程度上阻碍了农田林网的发展。

5.2.4　生态意识

农户承包土地，常常意识不到周边农田林网的重要作用，错误地将土地周边的农田林网视为影响土地农作物生长和抢夺农作物养分的负担，忽略了农田林网给农作物带来的间接的防护效益。新疆农田林网作为典型的公共物品在过去主要是由集体承包，由此导致经营管理粗放，出现大量林木受损、枯死、断带等现象。目前，集体林权改革持续推进，各区域农户承包林地不断呈现出较大的禀赋差异。一方面，在风沙、寒潮、干热等自然灾害频发地区，当地农民对生态环境保护的需求也有所增加，更愿意参与农田林网等人类生态保护项目；另一方面，气候和土壤环境直接决定着林木的生长，进而影响着经营林木的农民的收入。现有学者研究表明，沙尘暴天气条件和干热风天气条件对农民承包农田林网的意愿有显著影响。沙尘暴和干热大风的频繁侵袭将引起农民对生态环境保护的重视。气候对农业生态系统的威胁越大，农民对农田林网的需求就越高（张红丽等，2018）。

新疆各地开始尝试由农户承包农田林网，将经营主体转移至农户，但经调研发现仍存在如农户参与度不高等诸多问题。在此次调研中发现，农田林网多已达到成熟林或过熟林、林木受损率与枯死率高、断带严重、认知弱化等一系列情况是致使防护效能下降的原因。从根本上看，农户参与农田林网建设的过程就是改善和提高农田林网生态系统服务的过程，农户在这一过程中获得的不同程度的生态服务改进，农户也对农田林网不同生态系统服务功能具有不同的偏好程度，而这取决于农户对生态系统服务功能认知的差异（T A Kotchen，2000），农户对生态价值的认知也对其是否愿意参与生态治理起到重要作用（刘雪芬等，2013）。

本章采用"一对一"农户访问和调查问卷的方式，对新疆阿克苏、图木舒克、喀什、伊犁州直属、哈密和博州6个地区及其下属村镇进行农田林网生态服务认知度调查，共发放720份问卷，有效问卷590份（见表5-1），问卷内容以封闭式问题为主、半结构化询问为辅，提问内容主要包括农户基本信息、区域生态环境、农田林网相关知识及生态服务感知四个部分，根据国家林业局颁布的《森林生态系统服务功能评估规范》（LY/T 721—2008）界定的生态系统服务功能类型，并结合新疆实际地理环境列出的生态系统服务功能：防风固沙、改善小气候、保育土壤、涵养水源、固碳释氧、积累营养物质，并分析农户对其认知度。

表 5 - 1　样本分布　　　　　　　单位：户，%

地区	样本分布	户数	占比
南疆	阿克苏	73	12.37
	图木舒克	124	21.02
	喀什	151	25.59
北疆	伊犁州直属	136	23.05
	哈密	64	10.85
	博州	42	7.12

资料来源：问卷整理所得。

此次调研由课题组于 2017 ~ 2018 年前往新疆阿克苏（温宿县、尤喀克斯日木村、库车县）、博州（博乐、精河县）、喀什（疏勒县、巴合齐乡）、图木舒克（草湖镇、图木舒克镇）、伊犁州直属（惠远镇、七段村、英也尔乡）、哈密（奎苏、红山农场）共 6 个地区及其下属村镇，对农田林网的生态认知进行随机抽样调查，选取的 6 个地区及其下属村镇农田林网的营林数量可观，经营管理存在一定的代表性与差异性。除此之外，还走访了各县（乡）的林管站，对各地区整体情况进行详细了解，此次还设计了维吾尔语问卷，便于维吾尔族农户更好地理解以达到问卷信息的客观性与真实性。

从图 5 - 8 可以看出，农户对这 7 项生态服务功能的排序是"防风固沙 > 改善小气候 > 固碳释氧 > 涵养水源 > 保育土壤 > 积累营养物质 > 作物增产"，农户对防风固沙的生态功能的认知度达 80% 以上，有着充分的认知；对改善小气候和固碳释氧的认知度均达 50% 左右，认知较充分；对涵养水源、保育土壤、积累营养物质和作物增产的认知则较不充分，认知度分别为 32.03%、25.59%、25.08%、17.97%，如表 5 - 2 所示。

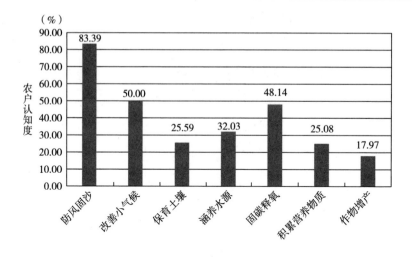

图 5-8　农户对农田林网生态系统服务功能认知度

表 5-2　不同地区农户对农田林网生态系统服务的认知度　　单位:%

生态服务功能	总样本	伊犁州直属	阿克苏	博州	喀什	图木舒克	哈密
防风固沙	83.39	72.32	84.93	88.10	90.07	77.42	87.50
改善小气候	50.00	25.53	56.16	69.05	39.07	50.81	59.38
保育土壤	25.59	36.35	15.07	28.57	34.44	26.61	12.50
涵养水源	32.03	51.79	30.14	19.05	35.76	24.19	31.25
固碳释氧	48.14	62.39	45.21	50.00	47.02	45.16	39.06
积累营养物质	25.08	22.65	20.55	26.19	22.52	24.19	34.38
作物增产	17.97	6.64	19.18	19.05	13.25	15.32	34.38

资料来源:问卷整理所得。

　　从表 5-2 可以看出各区域农户的生态系统服务功能认知存在空间差异。在防风固沙方面,总体上普遍认知较高,喀什地区认知度最高;在改善小气候方面,不同地区农户对于改善小气候的认知度差异最大,喀什地区认知度最低,仅为 39.07%,可能的原因是经济发展水平较低,受访者中年均收入总额在 3 万元以下的高达 74.84%;在保育土壤方面,喀什地区认知度显著高于其他地区，哈密和阿克苏认知度在 20% 以下；在涵养水源方面，伊犁州直属的认知度在所有地区中最高，为 51.79%，博州最低，为 19.05%，各地区认知差异较大；在固碳释氧方面，认知较为一致但普遍不高，均在 50% 左右；在积累营养物质方面，哈密认知度略高于其他地区，但总体均在 20% ~ 35%，差异较小；在作物增产方面，认知度普遍较低，哈密地区认知度最高，但也仅为 34.38%，可能与农田林网明显的"胁地效应"造成农作物减产的经验有关（刘康等，1993）。总体来看，农户对防风固沙功能认知度最高且较为统一，但总体认知仍处于较低水平，这与生态脆弱区新疆的地理生态环境有密不可分的关系。

根据调查问卷结果可知，农户的空间认知度差异可能受以下几个因素影响：

第一，生态环境。新疆南北疆地区生态环境差异较大，南疆地区普遍风沙天气严重，因此南疆地区农户对防风固沙功能认知度较高；新疆整体上是干旱半干旱地区，对调节温度、湿度、涵养水源的认知度基本一致。伊犁州直属地处河谷，气候相对较湿润，因此对调节湿度这一生态功能的感知较强；哈密奎苏和红山农场处于地处亚欧大陆腹地，属温带大陆性冷凉干旱气候，降水量远低于蒸发量，因此对涵养水源功能的认知度较其他地区高；博州水资源丰富，人均占有量 5786 立方米，已开发利用水资源仅为理论储藏量的 1/33，自治州内最大河流博尔塔拉河年径流量 5.77 亿立方米，河流资源丰富，因此对调节湿度的功能认知度不高。

第二，经济社会发展水平。经济社会发展水平不同，人的需求层次会不同，对恶劣气候、环境、天气的忍耐度也会有所不同；根据马斯洛需求理论，人们会优先满足中低层次需求，即生理与安全需求，而对良好生态环境的需求属于较高层次的需求，经济发展水平越高或收入越高，对农田林网生态服务的认知度越高，反之越低。

第三，防护林的承包意愿。农田林网的承包意愿影响着农户对农田林网生态服务功能的认知。詹姆斯·斯科特指出，理性的农户在追求利益和规避风险中往往偏好于规避风险，宁愿减少灾难的概率而不是去争取最大化的利润（黄鹏进，2006），可见，农户风险意识越强，承包意愿越明显，对农田林网生态功能的认识越多。

5.3 新疆农田林网生态服务功能区域差异成因剖析

5.3.1 经济因素

如图5-9所示，南疆地区经济水平明显低于北疆，可见目前南疆主要需求是中低层次需求，即生理与安全需求，因此，政府大力建设农田林网以期改善农田环境从而增加农作物产量，提高农户收入。

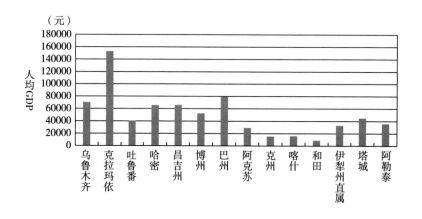

图5-9 新疆各地区人均国内生产总值

从图5-10也可看出南疆对农林牧渔业的固定资产投资要高于北疆，因此，南疆的生态系统服务功能价值总体上高于北疆的。在作物增产价值方面，喀什地区的作物增产价值处于最高水平，与喀什地区对农林牧渔的固定资产投资一致。

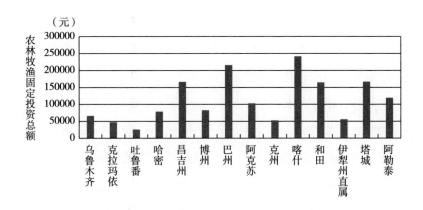

图 5 - 10　新疆各地区农林牧渔固定投资总额

5.3.2　社会因素

农户对农田林网的承包和农户对农田林网生态系统服务功能的认知在很大程度上影响农田林网的建设，从而影响农田林网的生态系统服务功能价值。

通过对新疆农户承包农田林网意愿的影响因素研究，发现农户家庭成员人数、育林技术以及对农田林网功能的认知影响着农户参与承包的意愿。首先，南疆生产技术相对落后，劳动力对家庭经营行为的选择影响较大；抚育技术较好的农户对于承包农田林网的态度也更为积极；对于农田林网作用的认知决定了农户在承包决策上的风险态度，詹姆斯·斯科特指出，理性的农户在追求利益和规避风险中往往偏好于规避风险，宁愿减少灾难的概率而不是去争取最大化的利润（黄鹏进，2006），可见农户风险意识越强，则参与农田林网建设的积极性越高，参与承包的意愿就越强烈。此外，农民对农田林网带防风固沙、固碳释氧、改善小气候的作用机理的认知度越高，农民对农田林网的参与度就越高。

5.3.3 制度因素

5.3.3.1 林权改革

新疆（兵团除外）农田林网实行所有权与经营权分离制度，林地所有权归集体（村集体）所有，经营权实行家庭承包制。在林权改革初期，林业局为农田林网建设提供苗木，降低了农户前期经营成本，因此，在一段时间内确实提高了农户承包农田林网的积极性。但是长期来看，随着农田林网根系向两侧农田延伸，这部分农田的水分以及营养物质被林木根系吸收，夺取了部分农作物的水分和养分，使其不能正常生长，林带的树冠遮蔽阳光，减少了农作物正常所需的光照所造成的"胁地效应"，降低了农户营林的积极性。此外，农户承包农田林网从根本上决定了其规模较小，农户作为其生产经营者，决策受到多方面的影响，但经济利益是农户所追求的最本质的因素。农田林网的经营本身存在诸多风险，如投资周期长、经济收益低、承包周期短等，因此，如果不能为农民承包农田林网所受的外部影响提供正确的解决方案，则应向农民提供与外部效益相当的政策补偿。使承包农田林网农户的个人收益接近社会收益，降低农户在生产经营过程中的风险，农田林网的经营将难以在市场经济中获得竞争优势。同时，农田林网承包经营权的分散性也难以与县域内林网配置调整进行配合，现代化高标准的农田林网经营无法在短期内见到成效。

5.3.3.2 采伐许可证制度

《森林法》第三十二条规定，采伐林木必须要申请采伐许可证，按其规定进行采伐。采伐许可证是林木采伐的法律依据。由于采伐许可证制度限制了林木的采伐；采伐许可证制度是指对已经可采伐的森林，必须向法定的机构申请采伐，并凭采伐许可证采伐。采伐许可证是森林采伐的法律依据。由于有采伐许可证制度，树木的采伐受到限制。因此在一定程度上影响了农田林网的承包以及农户的营林收益。采伐许可证制度限制了林地承包人对林木的处分权，制约了林地的流转，降低了林地承包经营者开发和保护农田林网的积极性，同时增加了其营林成本，例如办理许可证的时间成本、人力成本等，使农田林网的可持续发展受到阻碍。采伐限额制度使采伐指标获取难度增加，从而导致了较低的林业生产性收益率，极大地减少了农户经营林木的收益。林木生产与林木资源的流转收益相比，林木生产能产生稳定的收入增长，因此，林木的流转优势是在推动林网优化配置使其发挥最大化效益的同时，使营林收益权真正落在农户手上。如果将采伐指标可充分获取条件作为前提，林木生产所产生收益明显高于林地流转；但采伐限额制度的实行对以林业生产为主的农户来说，其生活保障将受到威胁，因此，农户营林经济收益问题应该得到迫切关注。

5.4　本章小结

本章通过对新疆农田林网生态服务功能价值的空间区域分布进行描述与分析，发现影响其区域价值存在差异的因素主要有：①立地条件：不同的立地条件造成农田林网的内部小气候产生不同的差异，不同的土壤类型、地质结构、气候特征等都不同程度地影响到农田林网的成林情况，进而导致不同地区的农田林网产生差异化服务价值。②林网结构：树种配置、林龄结构、林网规划直接影响到农田林网的防护效果，树种单一、龄林结构失调、林网规划不合理都会导致农田林网防护能力低下。③抚育力度：农田林网的低经济效益使农户对其管护不到位，造成断带、病虫害等一系列问题出现，造成农田林网的生态效能弱化。④生态意识：通过实地调研发现，不同地区对于农田林网生态服务功能的认知存在差异，其认知程度的高低直接影响农户对生态的保护力度和对农田林网经营管理的积极性。最后从经济、社会、制度的角度剖析生态服务价值区域差异的成因。

第6章　农田林网农户经营意愿与行为差异分析

农田林网经营需要整合农户的意愿与行为，农户作为经济行为主体，在一定的条件下采取一切可能追求目标，即农户在一定的条件驱动下形成达到目标的意向，意向即为意愿。传统理论认为意愿是行为的充分条件，意愿是行为目标期望实现的过程条件，是具有预示作用的（Ajzen，1975）。然而林地市场的弱市场化以及农户个体偏好差异，导致农户农田林网经营意愿与行为表现出"高意愿低行为"的差异化情况。本章主要从农户意愿与行为悖离的角度，探究农户转出林地意愿与行为差异表现，实证检验农户意愿与实际行为的差异，分析影响意愿转化行为的约束因素（即意愿与行为差异的影响因素），考察导致农户经营意愿与行为差异影响因素的表层直接因素、中层因素与深层间接因素，剖析形成行为困境的内在机理。

6.1　农户农田林网经营行为响应差异的理论探究

6.1.1　意愿是行为响应的先导条件

个人行为意愿（Willingness）在行为学中通常称作行为意图（Behavior Intention）。行为意图是执行特定操作获得目标意图的自我指令，目标意图是人们想要达到某种目的的自我想法（指令）（Triandis，1980）。书中的意图、行为意愿以及行为意图等概念均与本书中所泛指的意愿含义相同。

意图体现设定目标和行为水平以及个人自我承诺的水平。在理性行为理论和计划行为理论中，意图被定义为一个人为达到一定目标的努力（Ajzen，1975），从本质上说，意图可以被看作是期望价值传统的目标状态，是有意识的过程结果，需要时间，需要深思熟虑，并专注于结果（Loewenstein 等，2001）。Rhodes R E（2005）认为承诺和意愿的效力相关，进而意向被定义为计划或目标，行为意图预示着随后的行为（Ajzen，1975；Mindick B 和 Oskamp S，1977），意愿最广泛的表达式如下：

$$BI = f(AI,\ SN,\ PBC,\ w_{AI},\ w_{SN},\ w_{PBC}) \tag{6-1}$$

其中，BI 表示意愿，AI 表示态度，SN 表示主观规范，PBC 表示行为感知控制，w 表示权重系数，下文同。

意愿与目标的形成在于行为主体存在动机、需要、偏好以及行为的意识形态，而动机和需求不可避免地会受到相关的刺激。行为学研究结果表明，行为主体符合理性假设前提，行为动机来自较高的预期利益或效用；人们自我实现成就的需要与生俱有，偏好和意识形态是使其考虑这项行为的内在想法。进一步表明现有认知所表达的意愿是一种情境下的想法，也可以说成是潜意识，或者说在具有意识形态的基础上，根据预期情景来选择判断形成目标意愿。一般的行为意图似乎都与某些特定的行为有关，而这些行为不能用对应的原则或度量的特殊性来解释。可以理解为，较多是社会调查所体现出来的意愿（即人们对某一行为的想法），是一个外部环境约束下的内在感知，这里将其称为"条件型意愿"。

意愿是一个在不断适应环境的心理动态意识，不断变化，可以弱化也可以强化（事后意愿会随着现时的行为结果和未来预期而不断变化），通过行为的结果来作为事后意愿强化和弱化的参考依据。意愿是建立在某一个目标与行为结果基础之上，想要达到目的的有意识的心理反应。结合计划行为理论与理性行为理论的观点，意愿的形成在于动机、期望（需要）、偏好、意识形态、情感、规范、态度和感知控制等因素，甚至特殊目标意图还受到道德、风险等影响，而这些因素又与过去的经验、习惯和行为主体对未来的预期及其所处的外部环境密切相关。为此，意愿作为一种行为意图的存在，其存在的影响应该是多方面的。不同环境、不同性质的行为与目标，其影响因素有所差异。

6.1.2 意愿与行为存在不一致的理论解析

行为是一系列过程，意愿是行动的先导。意愿是解释和预测行为的关键变量，意愿转化行为有度，行为也会脱离意愿目标。

意愿的概念被证明是解释行为且无法估量的，意愿作为行为的关键决定因素。行为主体形成良好的意图对于实现长期行为目标至关重要，大多数行为是习惯性的或在一些情境下自动触发的反映行动。

根据已有意愿来实现行为的研究表明，意愿在一定程度上预测行为的效率较低。Webb 和 Sheeran（2006）、Rhodes 和 Dickau（2012）通过实验研究改变意愿来实现改变行为，其结果表示通过意愿转化为行为的指数仅为 0.36；Ajzen（2011）在其社论中对计划行为理论进一步反思来自行为态度、主观规范以及行为感知控制对意愿与行为的预测有限性，意愿与行为的相关性不超过 0.75 或 0.80。

理论研究学者认为行为意图应该预示着随后的行为（Ajzen，1975；Mindick B 和 Oskamp S，1977），以行为意图作为态度与行为的中介建构（Ajzen，1975）。但他们发现，行为意向不一定是一种准确而一致的行为衡量标准，关键在于由于特异性或对应原理、个体差异和情境因素会导致意愿与行为之间不一致。

在行为意愿转化为行为的路径中，存在两个关键因素：一个是来自意愿的内生驱动因素，是行为主体能够根据自身禀赋等因素进行自我调节实现行为转化，其关键在于如何强化意愿使驱动因素作用于行为主体。在经济学中，我们可以认为是利益或者是效用作为驱动因素的根源；另一个是来自行为的外部环境，行为环境的改善在于使有意愿或者潜在意识的行为主体均可以在冲动、本能、习惯以及情绪等情境下自发的产生行为，也会存在由于行为感知控制及他人通过控制行为主体的行为来实施行为，达到目标的情况。而且，经济学中的行为环境至少包含制度环境（意识形态、文化）、市场环境以及资源环境等。

研究认为，只有当意愿和行为实施表现出高度的一致性时，意愿才应该是一个良好的行为预测指标。个体根据预期的情况改变某些行为模式，意愿和行为同需要、偏好、动机、意识和态度等因素（这些因素可能都受制于规范、感知控制、情境和情绪的影响）之间是有差距的。意愿是一种行为意图，有目的性，且有一定潜在的计划与规则，能够在一定环境下执行行为实现意愿目标。其他因素可以产生意愿也可能使其处于有潜在意愿而在外部环境具备情况下直接形成行为。

因此，存在以下假定：农户可能具有某种行为动机（利益刺激与需要）、可能偏好这种行为结果（偏好与冒险精神）、可能认可这种行为方式或手段（态度与认知），甚至可能拥有这种行为意识（意识形态与文化）等，但其不一定有意愿实施该行为，更甚者不一定执行相关操作达到行为目标；或者说，农户需要通过一定的行为方式实现一定的目标，但不一定有意愿实施某一项行为（可以实现目标的一种行动方案），更甚者不一定执行这个行动方案相关的操作以达到行为目标，因而体现在行为响应出现差异化。

6.2　农户农田林网经营意愿与行为差异影响因素实证分析

6.2.1　农户经营意愿与行为存在悖离

通过实地调研发现，农户经营意愿和经营行为悖离主要为"有"意愿没有经营行为的悖离；对于这类悖离，从农户个体特征上更可能由于农户分化使其具有意愿但是没有能力经营，导致未能实现实际经营行为；从农户认知的角度可能是对农田林网经营与环境认识过低，或者是对农田林网经营的效果提出怀疑。

农户农田林网经营行为响应差异主要由农户不愿意经营的意愿以及愿意经营但最终没有付诸实际行为来统计衡量。书中数据来源于课题组 2018 ~ 2019 年在新疆开展的农户随机抽样调查，调查内容主要围绕农户农田林网经营情况。为了反映不同个体特征及经营特征的农户对待农田林网经营情况，调查采取"一对一"农户自主选答与辅助访谈形式。调查获得有效问卷 1106 份，有效样本率为 92.1%。本章研究重点在"有意愿无行为"农户，因此筛选出无意愿样本，获得有愿意农户有效样本为 829 份，占总样本的 74.95%，而实际具有经营行为的农户有 334 个（占 40.28%）。

6.2.2 变量选取与研究假设

在农户意愿转化行为过程中存在两方面的关键因素：一是来自意愿的内生驱动因素，行为主体能够依据自身禀赋进行自我调节来实现转化；二是来自行为的外部环境，行为环境的改善有助使有意识或潜在意识的行为主体自发产生行为，也会由外界控制行为主体来实施行为，达到行为目的。可以得知以下公式：

$$BI \sim B = F(X_{endowment}, X_{environment}) \qquad\qquad (6-2)$$

其中，B 表示行为（Behavior），BI 表示行为意愿（Behavior Willingness），$X_{endowment}$ 表示农户禀赋因素，$X_{environment}$ 表示外部环境因素。据此本章从农户特征、农户认知、经营特征以及外部环境四个维度进行构建自变量，因变量则为意愿与行为的悖离程度。具体变量定义与预期影响方向如表 6 - 1 所示。

表6-1 变量说明及赋值

变量		定义及赋值	均值	标准差	预期
因变量					
意愿与行为是否悖离 y		未悖离=0；悖离=1	0.59	0.49	/
自变量					
农户特征	性别 x_1	女=0；男=1	0.49	0.50	+
	年龄 x_2	30岁及以下=1；31~40岁=2；41~50岁=3；51~60岁=4；61岁及以上=5	2.79	1.20	+
	家庭成员数 x_3	1人=1，2人=2，3人=3，4人=4，5人及以上=5	3.84	0.98	−
	家庭年均收入 x_4	1万元及以下=1；1.1万~3万元=2；3.1万~5万元=3；5.1万~7万元=4；7.1万元及以上=5	3.01	0.91	−
农户认知	农田林网重要性 x_5	非常不重要=1；不重要=2；一般=3；比较重要=4；非常重要=5	3.31	1.12	−
	生态服务功能认知 x_6	非常不了解=1；不太了解=2；一般=3；比较了解=4；非常了解=5	3.60	0.96	−
	经营政策认知 x_7	非常不了解=1；不太了解=2；一般=3；比较了解=4；非常了解=5	3.33	0.96	−
	经营内容认知 x_8	非常不了解=1；不太了解=2；一般=3；比较了解=4；非常了解=5	2.94	1.11	−
经营特征	经营技术能力 x_9	非常差=1；比较差=2；一般=3；比较好=4；非常好=5	2.98	1.04	−
	经营收益周期 x_{10}	非常短=1；比较短=2；一般=3；比较长=4；非常长=5	3.07	1.09	+
	经营直接成本 x_{11}	非常低=1；比较低=2；一般=3；比较高=4；非常高=5	3.36	0.99	+
	经营效益损失 x_{12}	非常低=1；比较低=2；一般=3；比较高=4；非常高=5	3.09	1.14	+
外部环境	经营技能培训频率 x_{13}	从来没有=1；极少=2；偶尔=3；频繁=4；非常频繁=5	2.79	1.17	−
	经营设施完善程度 x_{14}	非常差=1；比较差=2；一般=3；比较好=4；非常好=5	2.73	1.10	−
	经营补贴标准 x_{15}	非常低=1；比较低=2；一般=3；比较高=4；非常高=5	3.07	1.07	−
	经营制度性约束 x_{16}	非常低=1；比较低=2；一般=3；比较高=4；非常高=5	2.77	1.12	+

在分析悖离因素前，需要对农户行为进行假设。根据西奥多舒尔茨（1999）为代表的理性小农学派观点，认为农户在完全市场化条件中是"理性经济人"，追求"利润最大化"是农户的行为准则。因此农户行为决策完全是具有理性的，尽可能地采取行动追求目标，即实现家庭"效用满足"与要素资源配置"帕累托最优"。行为意愿是建立在行为目标基础之上，而行为决策是主体为了实现目标在意愿的指引下执行的特定操作（Triandis，1980），目标是否实现除了农户合理的决策还在于意愿转换行为过程。行为主体意愿与行为转换模型中认为，个体因素与外部情景因素作用于主体的行为过程，影响着意愿与行为的转化（Litt D M，2014）。同样，嵌入式社会结构理论认为，个体经济行为是嵌入社会结构当中，行为发生受到自主与嵌入因素的约束，多因素制约使经济行为并不能独立进行。因此，本章结合相关理论，构建"自主因素"与"嵌入因素"双约束变量体系，其中"自主因素"分解为农户个人及家庭特征与农户认知；"嵌入因素"分解为农田林网经营预期与外部环境。对各悖离影响因素解析如下：

（1）农户个体特征。基于已有相关的研究成果表明居民属性、收入、受教育程度、年龄等客观情况是重要影响因素（李青，2018），个体特征对农户意愿与行为决策有直接影响。一般来说，在家庭生产劳动过程中，男性主要承担主要工作，经营决策更趋于经济理性，自身从事收入较高的非农劳动可能性较大，从而放弃传统农业劳动。农田林网的经营需要一定的资源禀赋条件，农户只有自身资源能够符合经营条件时，才会考虑参与经营。并且经营需要投入资本，无论人力资本还是经济资本都是农户所考虑的因素。所以农户越年长可投入的劳动力与时间越少，对农田林网的管护可能性越小；低收入水平的家庭没有充足的资金来支持防护林的经营，难以支撑农田林网经营。因此预期农户性别、年龄、家庭成员数（即可投入劳动力）与家庭年均收入对经营意愿与行为悖离有负向影响。

（2）农户认知。根据认知行为理论（CBT），认知是行为的基础，个体的认知、信念决定其偏好会直接影响到行为主体的意向，进一步又决定其行为决策（班杜拉，2001）。农户高认知水平有助于行为决策的合理性，而认知能力与外界环境又影响着认知水平的高低（罗必良等，2012）。针对农田林网的经营问题，农户对农田林网良好的知识储备会促成农户意愿选择进而转化行为。本章着重从农户农田林网重要性、生态服务功能、经营政策与经营内容方面对农户认知进行量化分析。

农户农田林网重要性认知，旨在说明农户对于农田林网作为一种人工林，建设于农田四周，形成生态屏障作用的感知；反映出农户对农田林网改善农村与农田生态环境以及农业增产增收结果的认识。由此可知认识更深刻，农户认为其重要程度越高，从而趋于付诸实际行动参与经营管理，驱使意愿与行为保持一致。预期农户农田林网重要性认知对经营意愿与行为的悖离具有负向影响。

农户生态功能认知，根据国家林业局颁布的《森林生态系统服务功能评估规范》（LY/T 721—2008）界定的生态系统服务功能类型，农田林网主要生态服务功能集中于防风固沙、涵养水源以及作物增产方面，并分析农户对其认知度（Williams，2008）。农户对生态价值的认知对其是否愿意参与生态治理起到重要作用（刘雪芬，2013），农户参与农田林网建设的过程就是改善和提高农田林网生态服务功能的过程，农户在这一过程中获得不同程度的生态服务功能。若农户对生态服务功能具有良好的认知，则农户参与农田林网的经营具有积极影响。据此，预期生态功能的认知对经营意愿和行为悖离具有负向影响。

农户农田林网经营政策与内容认知，主要包括农户对农田林网相关扶持政策的熟悉程度，以及农田林网经营过程中具体流程的了解程度。对经营内容的熟悉度会直接影响到农户行为响应，农田林网的经营不仅需要政策的扶持，而且需要农户与政策的目标保持一致，进而在政策引导下农户更好地进行经营生产劳动。农户良好的政策与经营内容认知，有助于降低农户的悖离发生。

（3）农户经营预期。作为"理性"农户，成本收益问题则是农户首当其冲考虑的问题，经营的利润最大化是行为决策的追求目标。良好的认知是农户行为转化的"催化剂"，经营预期的成本收益则成为"推动剂"。农田林网经营实则为投入与产出比，较高的经营利润是农户的期望，一般来说农田林网生态效益间接影响着经济效益，但农户会通过营林过程体会到收益的实质性。所以当且仅当农户认为收益大于成本时，才会付诸行动参与经营。根据经营属性中的成本、损失以及自身经营技术是农户经营预期的主要问题。

根据农田林网的建设与效益属性，农田林网属于准公共物品，具有极强的正外部性特征，农田林网的外部性并不能完全收益化。另外，由于林木生长与采伐周期具有时间性，林木价格的不稳定性以及农户本身的技能水平对悖离发生有着直接的影响作用。因此，预期农田林网经营的收益周期、直接成本和效益损失变量越大，农户越倾向于观望或不经营，对悖离具有正向影响，而农户的经营技术水平越高对悖离的发生越具有反向作用。

（4）外部环境。主要指的是市场未能体现，但客观存在的一些影响农户意愿转化行为的因素，包含经营技术培训频率、设施完善度、补贴标准与环境严重程度方面。经营技术培训为农户学习新知识提供了机会，有助于提升他们对农田林网的生态认知，经过经营技术培训的农户不仅在经营内容与方法上得到提升，更能有效降低农户经营过程中的风险。此外，培训越频繁越有助于促使未经营农户在未来实现经营，起到宣传推广作用。

农田林网的经营属于典型的"公共物品私人供给"模式，为了解决这种供求不平衡的矛盾，政府经营补贴则成为重要的因素。同时，相关设施的完善情况，如灌溉设施配套保障、林业合作组织的完善度以及林木收购与种苗供应商是否丰富等也成为关键因素。健全合理的制度有助于降低农户"意行不一"的发生概率，但受传统制度的约束，例如，农民林地自主经营权、林地使用权的稳定性得不到保障，对农户自身的经营意愿与行为悖离具有正向影响。

6.2.3　模型构建

6.2.3.1　Logistic 模型

Logistic 回归是对定性变量的回归分析，在社会科学中，Logistc 回归是应用得最多的回归分析。根据因变量取值类别的不同，Logistic 回归模型应用条件为：第一，各个影响因素即自变量之间应相互独立，在运算中要求不存在多重共线性。第二，Logistic 回归模型的误差状况与各个影响因素之间保持独立的关系。第三，Logistic 回归模型的误差是独立存在的，并且这种误差服从二项分布，在运算主要运用极大似然法而非最小二乘法来估计模型的回归参数。第四，Logistic 回归模型需要的样本量有一定的要求，一般每个类别的样本量要保持在 30 个以上。

由于农户农田林网经营意愿与行为是否悖离是二元选择问题，书中的被解释变量是农户农田林网经营意愿与行为的悖离值，悖离值由经营意愿和行为两部分取值之差的绝对值构成。如果意愿与行为未悖离，则两者取值之差为 y = 0；若意愿与行为悖离，则两者取值之差为 y = 1。建立二元 Logistic 回归模型：

$$P_i = F(y_i) = \left(\beta_0 + \sum_{j=1}^{n}\beta_j X_{ji}\right) = \frac{\exp\left(\beta_0 + \sum_{j=1}^{n}\beta_j X_{ji}\right)}{1 + \exp\left(\beta_0 + \sum_{j=1}^{n}\beta_j X_{ji}\right)}$$

$$(6-3)$$

对式（6-3）两边取对数，得到 Logistic 回归模型的线性表达形式：

$$Y_i = \ln\left(\frac{P_i}{1-P_i}\right) = \beta_0 + \beta_1 X_{1i} + \beta_2 X_{2i} + \beta_j X_{ji} + \cdots + \beta_n X_{ni} + \mu \qquad (6-4)$$

其中，Y_i 表示意愿与行为的悖离值；P_i 表示农户经营意愿与行为发生悖离的概率；β_0 表示常数项；X_{ji} 表示第 i 个农户第 j 个变量的取值（j = 1, 2, 3, …, n）；β_j 表示第 j 个自变量的回归系数（j = 1, 2, 3, …, n）；若 β_j 为正，表示第 j 个影响因素有正向影响，若为负则有负向影响；μ 为随机误差项。

6.2.3.2 ISM 模型

ISM 分析方法是由美国沃菲尔德教授于 1973 年为分析复杂社会经济系统的结构问题而开发的一种方法。其基本原理是：通过确定影响系统的各种因素及其相互关系，利用图论中的关联矩阵原理和计算机技术，对因素及其相互关系的信息进行处理，以明确因素间的关联性和层次性，从而发现主要（关键）因素及其内在联系（耿士威等，2018）。ISM 分析方法是研究复杂社会经济系统的结构和影响因素的有效方法，近年来在企业核心竞争力、绿色供应链实施效果、产业集群风险和工程质量事故形成等领域的主要（关键）影响因素分析与识别方面得到了广泛应用（楼迎军和荣先恒，2007；刘玫，2011；贾晓霞等，2011；孙世民等，2012）。

ISM 方法的分析流程如图 6 - 1 所示：第一，确定因素间的逻辑关系；第二，确定因素间的邻接矩阵；第三，确定因素间的可达矩阵；第四，依次确定从最高层到最低层各层所含的因素；第五，确定因素间的层次结构（李楠楠等，2014）。

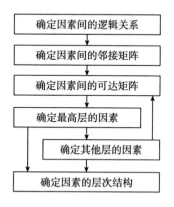

图 6 - 1 系统影响因素的 ISM 分析流程

采用 ISM 方法分析农户农田林网经营意愿与行为悖离的影响因素的关系层次，对识别悖离的关键因素具有重要意义。分析步骤如下：

假设利用 Logit 模型识别出悖离的影响因素有 k 个，S_0 表示农户悖离情况；则用 S_i（$i=1$，2，$\cdots$，k）表示这些影响因素，因素间的逻辑关系指的是量因素之间是否存在"相互影响"或者"互为前提"等关系。

根据因素间逻辑关系邻接矩阵 A 构成元素 r_{ij}：

$$r_{ij} = \begin{cases} 1(S_i 对 S_j 有影响时) \\ 0(S_i 对 S_j 无影响时) \end{cases} \quad (i=0, 12, \cdots, k; j=0, 1, 2, \cdots, k)$$

$$(6-5)$$

因素间的可达矩阵 M 由式（6-5）计算得到：

$$M = (R+I)^{\lambda+1} = (R+I)^{\lambda} \neq (R+I)^{\lambda-1} \neq \cdots \neq (R+I)^2 \neq (R+I) \quad (6-6)$$

其中，I 为单位矩阵；$2 \leq \lambda \leq k$；矩阵的幂运算采用布尔运算法则。

因素的最高层至最低层可由式（6-5）确定：

$$L = \{S_i \mid P(S_i) \cap Q(S_i) = P(S_i); i=0, 1, \cdots, k\} \quad (6-7)$$

其中，$P(S_i)$ 表示可达矩阵 M 中要素 S_i 所对应的一行中包含有"1"的矩阵元素所对应的列要素集合，$Q(S_i)$ 表示可达矩阵 M 中要素 S_i 所对应的一列中包含有"1"的矩阵元素所列队形的行要素集合。

$$P(S_i) = \{S_j \mid m_{ij} = 1\}, \quad Q(S_i) = \{S_j \mid m_{ji} = 1\} \quad (6-8)$$

其中，m_{ij} 和 m_{ji} 均为可达矩阵 M 的因素。

利用式（6-7）确定最高层（L_1）所含的因素后，再依次由高到低确定各层所含因素。其他层所含因素的确定方法是：删去原可达矩阵 M 中最高层（L_1）所对应的行与列，得到可达矩阵 M_1，利用式（6-7）和式（6-8）基于 M_1 进行计算得到第二层因素 L_2；再删去可达矩阵 M_1 中第二层因素（L_2）所对应的行与列，得到可达矩阵 M_2，利用式（6-7）和式（6-8）基于 M_2 进行计算得到第三层因素 L_3；依次类推，得到所有层所含的因素。最后，用有向边连接同一层次及相邻层次的因素，得到农户农田林网经营意愿与行为悖离的影响因素的层级结构。

6.3　实证结果与分析

6.3.1　多重共线性检验

在模型的自变量中，如果某个自变量可近似地表示为其他自变量的线性函数，即自变量间存在某种近似线性关系，则认为模型存在多重共线性问题。共线性的存在使模型的准确性与稳定性变差，偏回归系数检验失去统计学意义。因此，在回归分析前需检验是否存在多重共线性，判断标准有相关系数（Correlation Coefficient）、容差（Tolerance）、方差膨胀因子（Variance Inflation Factor，VIF）、条件指数（Condition Idex）等。

本节首先计算自变量间相关系数与方差膨胀因子（VIF）作为共线性统计量。一般认为，容差越大越好，VIF 值越小越好，当方差膨胀因子 VIF = 1 时，可认为各自变量之间不存在多重共线性；当 VIF > 3 时，可认为各自变量之间存在一定程度的多重共线性；当 VIF > 10 时，可认为各自变量之间高度相关。如表 6 - 2 所示，本节自变量间相关系数均小于 0.7。同时，线性回归分析结果表明，自变量的 VIF 值均不超过 2，远低于 10。据此认为本节回归模型最终的自变量间不存在共线性问题，所得数据可用于进一步统计分析。

6.3.2　影响因素回归分析

回归采用 SPSS 19 软件进行 Logistic 回归分析。对逻辑回归模型进行检验的统计量有：－2 倍对数似然值（－2 log likelihood）、拟合优度（Goodness of Fit）统计量、Cox & Snell、Nagelkerke 的 R^2、伪 R^2（Psedo - Square）、Hosmer - Lemeshow 的拟合优度检验统计量、Wald 统计量。如果要考虑每个自变量在回归方程中的重要性，可以直接比较统计量的大小，统计量大者显著性高，也更重要。此外，Wald 统计量近似服从于自由度等于参数个数的卡方分布。用 Wald 统计量检验，Wald 检验值越大表明该自变量的作用越显著。

表 6-2　自变量间相关系数与方差膨胀因子 （VIF）

变量	X_1	X_2	X_3	X_4	X_5	X_6	X_7	X_8	X_9	X_{10}	X_{11}	X_{12}	X_{13}	X_{14}	X_{15}	X_{16}	VIF
X_1	1																1.112
X_2	0.109	1															1.102
X_3	0.035	-0.099	1														1.071
X_4	-0.093	-0.002	0.116	1													1.105
X_5	-0.199	-0.152	0.014	0.185	1												2.128
X_6	0.079	0.007	0.037	-0.088	-0.068	1											1.058
X_7	0.030	-0.013	0.047	0.177	0.259	-0.119	1										1.269
X_8	0.028	-0.072	0.015	-0.076	-0.032	0.082	0.014	1									1.479
X_9	-0.128	-0.089	-0.064	-0.101	-0.012	0.083	0.002	0.290	1								1.439
X_{10}	0.040	0.027	-0.118	-0.085	-0.050	0.112	-0.100	0.320	0.340	1							1.459
X_{11}	-0.134	-0.061	0.027	0.201	0.594	-0.102	0.309	-0.001	-0.026	-0.043	1						1.659
X_{12}	-0.027	0.091	-0.115	-0.103	-0.037	0.038	-0.033	0.277	0.419	0.489	0.040	1					1.634
X_{13}	-0.027	0.118	-0.115	-0.039	-0.086	0.019	-0.099	0.116	0.230	0.238	-0.060	0.333	1				1.812
X_{14}	-0.085	-0.070	0.005	-0.041	0.108	0.120	0.044	0.505	0.369	0.222	0.080	0.240	0.114	1			1.510
X_{15}	-0.162	-0.081	-0.076	0.142	0.607	-0.079	0.374	0.023	0.046	-0.006	0.429	0.023	-0.087	0.076	1		1.786
X_{16}	-0.033	-0.006	-0.109	-0.040	-0.013	0.006	-0.035	0.118	0.232	0.263	0.023	0.378	0.639	0.159	0.007	1	1.836

在回归时，采用的是 Backward Conditional 方式。在处理过程中，首先将所有影响因变量的自变量都代入模型进行检验，根据检验结果，对不显著的自变量提出，然后继续检验，直到自变量对因变量影响的检验结果显著为止，最终得出估计结果。从模型拟合优度检验来看（见表6-3），模型的整体拟合效果良好，回归结果具有相当的可信性，相关估计结果如表6-4所示。

表6-3　模型参数检验结果

-2倍对数似然值	Cox & Snell R^2	Nagelkerke R^2	Psedo - R^2	H - L	预测百分比
927.193	0.205	0.277	0.170	Sig = 0.191 > 0.1	71.03%

结果如表6-4所示：其中回归模型1是将16个变量全部考虑，再将不显著变量逐步剔除得到模型2的回归结果。最终得到11个显著影响因素，其中性别、年龄、家庭年收入、经营直接成本与经营效益损失呈正相关；农田林网重要性、生态服务功能认知、经营政策认知、经营技能培训频率、经营设施完善程度与经营补贴标准具有负向影响效应。

表6-4　模型回归结果

变量名称	模型1					模型2				
	估计参数（B）	标准误（S.E）	统计量 Wald值	Sig.值	优势比 EXP（B）	估计参数（B）	标准误（S.E）	统计量 Wald值	Sig.值	优势比 EXP（B）
x_1	0.402**	0.168	5.735	0.017	1.495	0.413**	0.166	6.158	0.013	1.511
x_2	0.404***	0.071	32.432	0.000	1.498	0.400***	0.068	33.762	0.000	1.492
x_3	-0.0733	0.083	0.783	0.376	0.929	—	—	—	—	—
x_4	0.241***	0.092	6.843	0.009	1.272	0.238***	0.091	6.796	0.009	1.268
x_5	-0.588***	0.108	29.910	0.000	0.555	-0.583***	0.106	29.670	0.000	0.558
x_6	-0.224***	0.086	6.838	0.009	0.799	-0.234***	0.084	7.616	0.006	0.792
x_7	-0.186*	0.095	3.810	0.051	0.831	-0.179*	0.094	3.618	0.057	0.836

续表

变量名称	模型1					模型2				
	估计参数 (B)	标准误 (S.E)	统计量 Wald 值	Sig. 值	优势比 EXP (B)	估计参数 (B)	标准误 (S.E)	统计量 Wald 值	Sig. 值	优势比 EXP (B)
x_8	-0.191**	0.088	4.684	0.030	0.826	-0.198**	0.085	5.343	0.021	0.820
x_9	-0.104	0.093	1.244	0.265	0.901	—	—	—	—	—
x_{10}	-0.0198	0.088	0.050	0.822	0.980	—	—	—	—	—
x_{11}	0.336***	0.106	10.030	0.002	1.400	0.343***	0.105	10.559	0.001	1.409
x_{12}	0.332***	0.091	13.466	0.000	1.394	0.265***	0.074	12.502	0.000	1.303
x_{13}	-0.137	0.090	2.277	0.131	0.872	—	—	—	—	—
x_{14}	-0.165*	0.089	3.410	0.065	0.848	-0.197**	0.086	5.218	0.022	0.821
x_{15}	-0.286***	0.101	8.087	0.004	0.751	-0.267***	0.099	7.243	0.007	0.766
x_{16}	0.0386	0.095	0.164	0.686	1.039	—	—	—	—	—
常量	2.477***	0.781	10.045	0.002	11.900	1.786***	0.666	7.185	0.007	5.969

注：*、** 和 *** 分别表示系数在10%、5%和1%统计水平上显著。

（1）农户个体特征的影响。由表6-4可知，性别变量对农户农田林网经营意愿与行为悖离在5%的水平上显著。统计结果显示，在发生悖离的农户中，女性占有220户、男性276户；男性相较于女性发生悖离的概率为1.254倍。作为家庭主要劳动力，男性做出行为决策更趋于经济理性，在有限的劳动时间中寻求收益更高的工作，同时，男性作为户主更多考虑家庭生计进而选择非农劳动，放弃防护林经营。

农户年龄对经营意愿与行为悖离具有显著的正向效应。即农户的年龄越大，在经营意愿和行为上发生悖离的概率越高。农田林网的经营需要劳动能力的支持，传统农户虽长期从事农业生产劳动，对农田林网具有较高的认可度和经营意愿，但其劳动能力随着年龄增长而降低，由于高龄带来的农业生产者体力与健康状况水平的下降，无法满足劳动力的需求，弱化了意愿与行为的一致性，发生悖离的可能性也越大。

农户家庭年均收入对经营意愿与行为悖离具有显著的正向效应。回归结果显示出收入越高的农户在经营意愿与行为上发生悖离是显著的，这与预测方向出现反向情况。结合实际情况分析，农户在做出一定行为决策时会经过慎重考虑，是具有理性的。在有限的劳动力情况下，会寻求利益最大化。再加上土地流转与性别因素影响，调查发现农户更多的选择二三产就业，实现家庭增收。但农户经营往往对家庭收入具有依赖性，农业收入的比重越大，农户则对农业经营生产关注度越高，经营的积极性也就越高，这一点也符合经济规律。所以还需进一步探讨农户家庭收入对经营意愿行为悖离影响的与否。

（2）农户认知的影响。农户农田林网生态屏障重要性的认知对经营意愿与行为悖离具有显著的负向效应，即农户认为农田林网生态屏障作用越重要，其经营意愿与行为越发保持一致。统计"农田林网生态屏障重要性"问题的结果显示，选择"非常重要""比较重要""一般""不重要"和"非常不重要"的农户中发生悖离的概率分别为25.95%、57.58%、65.47%、77.84%和71.42%。干旱区自身生态脆弱，通过农田林网生态屏障作用，凸显保护农田农业生产的作用，加深农户自立地环境而感知与生态屏障的重要性，进而减少悖离发生，使行为与意愿趋于一致。

生态服务功能认知对经营意愿与行为悖离具有显著的负向效应，即农户农田林网生态功能认知更高，其发生悖离的可能性越低。据调查结果显示，在"生态服务功能认知"一问中，选择非常不了解、不了解和一般的分别占100%、59.75%和63.38%；而选择比较了解、非常了解的分别占43.7%、55.75%。可以解释为农户对农田林网的生态功能认知越了解，在行动上越趋于经营农田林网。结合自身的立地环境，对生态功能感知越深，则越明白农田林网的重要性，在农业生产过程中越会加强林带建设与维护。农户农田林网经营政策认知通过了10%的显著水平检验，经营内容认知通过了5%的显著水平检验。农户在这两项的认知水平在意愿与行为悖离上表示出明显负向影响。即从而响应政策号召与约束自身行为，更多地参与到经营行为当中。

（3）经营预期的影响。作为理性小农，农田林网经营的成本营利性问题肯定是农户最为关心的。以杨树为例，新疆多用建造农田林网，其建造每公顷直接成本为4500元，主要用于建造初期的苗木、挖坑浇水以及劳动等支出费用。但由于林业产业属于弱质产业，政策倾向性不够，资金来源较多依靠自筹，使经营条件无法得到满足，农户无力承担过高的经营成本，经营意愿虽高但实际行为却少。

而在经营效益方面，农田林网功能主要集中于生态效益，间接产生经济效益。由于缺乏合理科学的林带种植，随着林木生产、林带与农田之间会出现"胁地效应"。农田林网虽有效发挥生态功能庇护农田，但林木与农作物之间出现争夺养分，林带遮阴和根系胁地造成农作物减产。农户受制于传统农业生产活动思想，将减产视为重要问题，从而放弃农田林网经营管理的实施。同时，由于农田林网"外部性"问题，造成"搭便车"情况严重，使农户经营行为转化率降低。

（4）外部环境的影响。经营设施的完善程度通过了10%的显著性水平检验，经营补贴标准通过了1%的显著水平检验。两个影响因素对农户农田林网经营意愿和行为悖离的发生具有负向显著作用。针对真正结果结合调研访谈实际发现，部分地区因自然灾害频发，农户对农田林网需求极高。但相应水资源配套设施不完善，农户无法实现农田林网的经营。调查中更有部分农户意愿自发筹资挖井取水，却因政府制度约束无法自建，导致农田林网的经营行为受制于双重约束未能转化。

政府经营补贴是现阶段我国促进生态工程进行的非市场化部分内部化的必要手段，对农户经营具有显著正向作用（乔金杰，2016）。经营补贴会减少农户农田林网经营的边际成本。经营补贴有利于持续性激励农户进行经营生产，避免出现逆向选择行为。在实地调研中和田地区洛浦县在空地、荒地种植防护林给予 300 元/亩价格补贴，到秋季验收成活率达 85% 再给予 300 元/亩的补贴。但相较农田林网经营过程中的成本与损失来说，补贴标准还很低，在低标准的补贴与扶持状态下用户很难去付诸行动参与经营活动。

6.3.3 影响因素的层级分解（ISM 模型）

根据上述回归结果，选取出对农户农悖离显著的影响因素。本节用 S_i（i = 1，2，…，11）表示性别、年龄、家庭年均收入、生态屏障作用重要性、生态服务功能认知、经营政策认知、经营内容认知、经营直接成本、经营效益损失、经营设施完善程度和经营补贴标准。使用"V""A"分别表示行对列、列对行之间有直接或间接的影响。并用图 6-2 表达出因素间的逻辑关系。

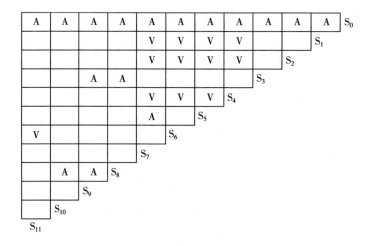

图 6-2 影响因素间的逻辑关系

利用图 6-2 和式（6-5）计算出邻接矩阵 A（见式 6-9），运用 Matlab 7.0 软件和式（6-6）得到可达矩阵 M（见式 6-10）。

$$A = \begin{array}{c}
s_0 \\ s_1 \\ s_2 \\ s_3 \\ s_4 \\ s_5 \\ s_6 \\ s_7 \\ s_8 \\ s_9 \\ s_{10} \\ s_{11}
\end{array}
\begin{bmatrix}
1 & 0 & 0 & 0 & 0 & 0 & 0 & 0 & 0 & 0 & 0 & 0 \\
1 & 1 & 0 & 0 & 1 & 1 & 1 & 1 & 0 & 0 & 0 & 0 \\
1 & 0 & 1 & 0 & 1 & 1 & 1 & 1 & 0 & 0 & 0 & 0 \\
1 & 0 & 0 & 1 & 0 & 0 & 0 & 0 & 0 & 0 & 0 & 0 \\
1 & 0 & 0 & 0 & 1 & 1 & 1 & 1 & 0 & 0 & 0 & 0 \\
1 & 0 & 0 & 0 & 0 & 1 & 0 & 0 & 0 & 0 & 0 & 0 \\
1 & 0 & 0 & 0 & 0 & 0 & 1 & 0 & 0 & 0 & 0 & 1 \\
1 & 0 & 0 & 0 & 0 & 1 & 0 & 1 & 0 & 0 & 0 & 0 \\
1 & 0 & 0 & 1 & 0 & 0 & 0 & 0 & 1 & 0 & 0 & 0 \\
1 & 0 & 0 & 1 & 0 & 0 & 0 & 0 & 1 & 1 & 0 & 0 \\
1 & 0 & 0 & 0 & 0 & 0 & 0 & 0 & 1 & 0 & 1 & 0 \\
1 & 0 & 0 & 0 & 0 & 0 & 0 & 0 & 0 & 0 & 0 & 1
\end{bmatrix} \tag{6-9}$$

$$M = \begin{array}{c}
s_0 \\ s_1 \\ s_2 \\ s_3 \\ s_4 \\ s_5 \\ s_6 \\ s_7 \\ s_8 \\ s_9 \\ s_{10} \\ s_{11}
\end{array}
\begin{bmatrix}
1 & 0 & 0 & 0 & 0 & 0 & 0 & 0 & 0 & 0 & 0 & 0 \\
1 & 1 & 0 & 0 & 1 & 1 & 1 & 1 & 0 & 0 & 0 & 1 \\
1 & 0 & 1 & 0 & 1 & 1 & 1 & 1 & 0 & 0 & 0 & 1 \\
1 & 0 & 0 & 1 & 0 & 0 & 0 & 0 & 0 & 0 & 0 & 0 \\
1 & 0 & 0 & 0 & 1 & 1 & 1 & 1 & 0 & 0 & 0 & 0 \\
1 & 0 & 0 & 0 & 0 & 1 & 0 & 0 & 0 & 0 & 0 & 0 \\
1 & 0 & 0 & 0 & 0 & 0 & 1 & 0 & 0 & 0 & 0 & 1 \\
1 & 0 & 0 & 0 & 0 & 1 & 0 & 1 & 0 & 0 & 0 & 0 \\
1 & 0 & 0 & 1 & 0 & 0 & 0 & 0 & 1 & 0 & 0 & 0 \\
1 & 0 & 0 & 1 & 0 & 0 & 0 & 0 & 1 & 1 & 0 & 0 \\
1 & 0 & 0 & 1 & 0 & 0 & 0 & 0 & 1 & 0 & 1 & 0 \\
1 & 0 & 0 & 0 & 0 & 0 & 0 & 0 & 0 & 0 & 0 & 1
\end{bmatrix} \tag{6-10}$$

根据式（6-7）确定可达矩阵 M 最高层 $L_1 = \{S_0\}$，同理依次得到其他层次 $L_2 = \{S_3, S_5, S_{11}\}$、$L_3 = \{S_6, S_7, S_8\}$、$L_4 = \{S_4, S_9, S_{10}\}$ 和 $L_5 = \{S_1,$

S_2 经排序后得到整理后的可达矩阵 B，见式（6－11）。

$$B = \begin{array}{c} s_0 \\ s_3 \\ s_5 \\ s_{11} \\ s_6 \\ s_7 \\ s_8 \\ s_4 \\ s_9 \\ s_{10} \\ s_1 \\ s_2 \end{array}\begin{bmatrix} 1 & 0 & 0 & 0 & 0 & 0 & 0 & 0 & 0 & 0 & 0 & 0 \\ 1 & 1 & 0 & 0 & 0 & 0 & 0 & 0 & 0 & 0 & 0 & 0 \\ 1 & 0 & 1 & 0 & 0 & 0 & 0 & 0 & 0 & 0 & 0 & 0 \\ 1 & 0 & 0 & 1 & 0 & 0 & 0 & 0 & 0 & 0 & 0 & 0 \\ 1 & 0 & 0 & 1 & 1 & 0 & 0 & 0 & 0 & 0 & 0 & 0 \\ 1 & 0 & 1 & 0 & 0 & 1 & 0 & 0 & 0 & 0 & 0 & 0 \\ 1 & 1 & 0 & 0 & 0 & 0 & 1 & 0 & 0 & 0 & 0 & 0 \\ 1 & 0 & 1 & 0 & 1 & 1 & 0 & 1 & 0 & 0 & 0 & 0 \\ 1 & 1 & 0 & 0 & 0 & 0 & 1 & 0 & 1 & 0 & 0 & 0 \\ 1 & 1 & 0 & 0 & 0 & 0 & 1 & 0 & 0 & 1 & 0 & 0 \\ 1 & 0 & 1 & 1 & 1 & 1 & 0 & 1 & 0 & 0 & 1 & 0 \\ 1 & 0 & 1 & 1 & 1 & 1 & 0 & 1 & 0 & 0 & 0 & 1 \end{bmatrix}$$

$$(6-11)$$

在排序后的可达矩阵 B 中，运用箭头链接每一层的影响因素的解释结构模型图（见图 6 - 3）。可见农户农田林网经营意愿与行为悖离的发生机制是：农户家庭年均收入、农田林网经营补贴标准、农户生态服务功能认知为表层因素；经营直接成本、农户经营政策认知、农户经营内容认知为中间层因素；

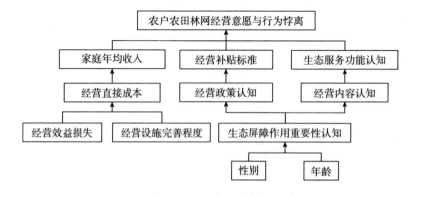

图 6 - 3　各影响因素的关联与层级结构

经营效益损失、经营设施完善程度、农户农田林网生态屏障作用重要性认知为深层次因素；而农户性别与年龄则为根源因素。

6.4 本章小结

农田林网是干旱区农业保证有序稳定生产的生态屏障，在当今经营主体逐步转移到农户趋势下，农户"高意愿、低行为"的经营特性制约了新疆地区农田林网效能发挥。本章基于调研数据，运用 Logistic – ISM 模型分析悖离的影响因素与因素间逻辑层次关系。得到以下结论：

第一，农户农田林网经营意愿与行为的悖离受多重因素影响。在农户特征中性别、年龄、家庭年均收入均对悖离的发生有正向作用；农户认知中对农田林网重要性认知、生态服务功能认知、经营政策与经营内容认知，认知程度越好，农户发生悖离的概率越低；经营预期中经营直接成本、经营效益损失具有显著正向影响；而外部环境中经营设施完善程度、补贴标准具有显著负向作用。

第二，根据解释性结构可知，导致农户农田林网经营意愿与行为悖离的路径为：由于农户性别与年龄的差异导致农田林网认知分化，进而在各认知方面的意识决定了对农田林网知识的了解程度，导致悖离的发生；经营预期和经营设施的完善度直接作用于经营成本，经营成本的变化会直接反映在农户家庭收入的变化当中，农户自身对收入变化十分敏感，收入变化的波动性直接影响经营意愿与行为的转化。

第7章 农户农田林网经营行为响应机理分析

农户经营行为响应指农户响应农田林网的生态理念，做出的行为转变。相关研究成果指出，农民的意愿与行为有强烈的相关关系（石智雷等，2010），农民意愿越强烈，对应的行为越容易发生。其原因在于意愿对行为具有导向力，符合社会行为理论提出的"意愿指引行动的实际发生"的一般规律（钟晓兰等，2013），可以看出，农民意愿选择和农民行为选择是一类"两阶段"决策过程，强烈的农民意愿并不能确保农民行为的最终实现；在农民意愿向农民行为转化过程中，其影响因素会发生变化。本章拟在前人对农户经营意愿研究基础上，结合实地调查中农户意愿与行为的基本特征，借鉴计划行为理论模型并进行合理改进，将农户农田林网经营意愿与行为纳入一致性的分析框架，能够科学解析农户农田林网经营的"意愿—行为"转化机理，并为提高农户参与农田林网的经营与后期生态林网效能增益提供理论支持。意愿是行为的先导，众多从各个角度展开关于生态意愿与行为的研究，致力于揭示生态环境问题的根源。虽然有研究提出意愿与行为之间的相关程度低且存在一定的"脱节"，意愿并非会转化为响应的行为。但不可否认的是，意愿可以决定行为，农户的意愿与行为有强烈的相关关系。对于农业生产领域来说，随着生态保护与集体林权改革的推进，农户农田林网经营意愿有所提升，但是在经营管护行为上却表现得不尽如人意。换言之，农户的经营意愿与行为缺乏有效的转化。

7.1　农户农田林网经营行为响应的理论框架

7.1.1　农户经营意愿与行为一致的理论前提

农户通过行使产权权能的处置权同环境及自身执行力相适应进行目标决策，进而实现其经营目标，即实现"效用满足"和要素资源配置的"帕累托最优"。农户作为理性经济人，是具有特殊利益目标的行为主体，在一定的环境与背景约束下尽可能地采取行动追求其目标，而目标能否实现除了农户合理的决策选择还在于行为实施过程。农户实现行为转化依靠利益动机，做出决策与选择的权力和信息因素（宋洪远，1994）。

农户要实现合理的行为决策并实施行为，行为的自由度与自主性、安全性与理性以及交易成本是首要考虑因素。不合理的产权制度限制行为主体行为的自由度与自主性，不完善的监管服务体制降低行为实施的安全性与行为结果的理性程度，不健全信息服务机制导致较高的交易成本。行为无法顺利实施或者行为实施结果偏离原始目标意愿均导致意愿与行为不一致。农户经营目标实现（行为实施结果与意愿目标趋于一致）的关键是在影响行为的一系列因素相互作用下，根据不断变化的环境自我调节以屏蔽各种干扰而最终执行特定操作。

7.1.2　农户经营行为响应形成机理

行为科学研究指出，人们对某事物的内在需求在一定刺激下形成行为动机。假定农户服从"理性经济人"的假设，则我们认为农户是理性的决策者，在决定自身行为时以追求自身利益最大化和风险的最小化为根本。农户在自身现实条件和外部约束条件的共同影响下确定自己的目标并选择实现目标的手段。农户对民办公助政策的响应行为过程具有动态变化的特点，农户从家庭经济效益最大化和家庭经营风险最小化的目标出发，该目标受农户自身内在与外在农业生产环境情况的共同影响，该目标在当前的行为结果影响下会动态调整，进而农户的行为会发生改变。

由图7-1可知，农户响应行为的形成与两大部分紧密相连。第一，农户家庭经济效益最大化和家庭经营风险最小化，两者是农户产生响应意识的基础，也是响应行为产生的基础；第二，农业生产条件、经济资本和相关农业政策，其对农户的响应行为起推动支撑作用。对于具有较高文化水平、经济基础及拥有较丰富的社会资源的农户，在了解农田林网后，会更为积极地对农田林网经营经济效果进行评估，了解到由此带来收益变化，从而积极响应参与农田林网经营。

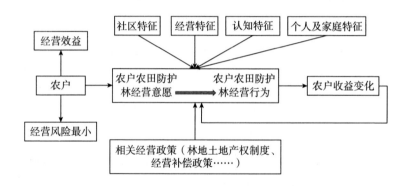

图7-1　农户农田林网经营行为响应形成机理

7.2　农户农田林网经营行为响应机理的研究假设

国内外学者广泛运用不同理论解释个体行为及其背后的形成机理，如Lewin行为模型、动机—机会—能力（MOA）理论、ABC理论、理性行为理论以及在其基础上衍生出的TPB理论等。而TPB理论较多在行为决策领域充分地进行运用。Ajzen 和 Fishbein 于 1975 年共同提出理性行为理论（Theory of Reasoned Action，TRA），该理论假设人是理性的，认为人在做出某一行为前会综合各种信息用以考虑自身行为的意义与后果，行为主体的行为态度和主观规范直接影响行为意向，进而间接影响行为。通过进一步研究发现，人的行为并非完全出于自愿，便引入"感知行为控制"（Perceived Behavior Control）的概念来解释人的行为是处在某种控制之下，并提出了计划行为理论（Theory of Planned Behavior，TPB）。

计划行为理论（TPB）由理性行为理论延伸而来，是阐释理性个体的意愿和行为的有效理论工具。计划行为理论的基本假设：一是个体的行为是理性的，有能力利用获得的明确或不明确的信息去指导从事某项行为；二是行为主体的行为意向是行为产生的直接决定因素；三是个体行为变量呈线性关系。Beedell 和 Rehma（1999）认为，利用计划行为理论时要做好对行为结果好坏的评价和信念强度的测量。计划行为理论可用式（7−1）表示：

$$B \sim BI = \beta_1 \sum s_i e_i + \beta_2 \sum b_j c_j + \beta_3 \sum b_k p_k = \beta_4 AB + \beta_5 SN + \beta_5 PBC \tag{7-1}$$

其中，B 表示行为；BI 表示行为意愿；AB 表示行为态度；SN 表示主观规范；PBC 表示知觉行为控制。

意愿是建立在行为目标基础之上的，而行为是行为主体为实现行为目标在意愿的指引下执行的特定操作（Triandis H C，1980），意愿指引行为实施而实现意愿目标。在计划行为理论与理性行为理论框架中，意愿受到行为态度、主观规范、行为感知控制的影响，是行为的中介变量（Ajzen，2011）。

根据计划行为理论，农户意愿受行为态度、主观规范和知觉控制等前置因素作用，同时农民参与行为由个人参与意愿控制。其中行为态度表征农民对参与建后管护的主观态度和价值判断；主观规范表征在习俗和惯例影响下农民"应该如何"参与经营的规范效用；知觉控制表征农民个体禀赋的感知对参与建后管护的控制和影响程度。在运用计划行为理论构建预测模型时应该注意，行为态度、主观规范和知觉控制虽然从概念上完全独立，但是由于拥有共同的信念基础，因此会在统计意义上呈现关联性。

计划行为理论是社会心理学领域最具影响力的行为预测理论之一，在行为科学领域中被广泛运用于解释人的行为动机和意愿以及进行行为预测等。该理论认为行为意向（Behavior Intention，BI）是行为响应（Behavior Response，BR）的前因变量，即个体是否采取某种行为主要取决于行为主体的倾向与意愿，而行为意愿又受到行为主体的态度（Attitude toward the Behavior，AB）、主观规范（Subjective Norm，SN）与知觉行为控制（Perceived Behavior Control，PBC）三者共同作用。Sheeran（2005）认为行为产生需要借助于意愿与其他因素的共同作用。在主观意愿到实际行为的转化过程中，能力、机会等突变因子起关键调节作用（肖璐，2018）。

人际行为理论认为，人的行为会同时受到内外部与外部因素的作用（徐国伟，2010）。在农户农田林网经营的过程中，加入"组织支持"（Organizational Support，OS）这一变量，用以测度外在环境因素对农户农田林网经营行为响应的影响。图 7－2 为改进后的计划行为理论模型在原始 TPB 模型基础上增加了"组织支持"变量，形成"行为意愿→组织支持→行为"影响路径。

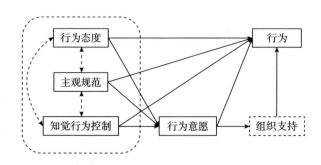

图 7－2 改进后的计划行为理论

7.2.1　行为态度（AB）

行为态度是个体实施某种行为偏好程度的评价（段文婷，2008），是农户经过对某种事物的认识后，形成对特性行为或消极或积极的执行态度。态度越趋于积极强烈行为意愿就越会转化为行为。农户对农田林网评价越高、经营倾向越强烈，行为响应的可能性就越大，反之越低。预期收益是激发农户参与农田林网经营的关键，可用来判断农户的行为态度。该收益可分为经济收益和生态收益两个维度。第一，农户理论中认为我国农户有着小农"经济理性"，农田林网经营的经济收益是衡量农户行为态度的重要原因之一。第二，农田林网更注重生态效益，农户在追求经济效益最大化以外，也考虑农田林网带来的生态系统功能的服务价值。因此，农户认为在此两个方面收益越高，其行为态度越好，对经营行为意愿会产生积极影响。基于以上分析，提出如下假设：

H_1：农户行为态度对农田林网经营行为意愿有正向显著影响。

H_2：农户行为态度对农田林网经营行为响应有显著影响。

7.2.2　主观规范（SN）

主观规范指个体在行为发生过程中受到外界干扰以及压力影响，此类干扰与压力来自个体所处环境中的他人及其集体对自身行为选择的影响。个体感知外界对自身期望越多，或者建议采取某种行为时，其行为意愿更趋于转化为实际行为。而农户的主观规范可以理解为来自邻里亲朋、村集体与地方政府以及社会网络的影响感知。示范性规范和指令性规范常被学者划分为主观规范的两种类型（Caildini，1996），其中农户的示范性规范由农户所在村落社交范围内的邻里亲友产生的建议性和参照性作用。而指令性规范可以理解为政府集体对农户经营行为的指导性和必要性作用。若周边农户或所在政府正向积极地建议与号召农田林网经营，则会提升农户的认知，促使农户对农田林网产生迫切需求，进而对其行为响应产生激励作用。因此我们可以认为农户感受到外界影响，同时外界正在积极开展行动且形成良性参与环境，其外界压力越大农户参与越积极。基于以上分析，提出如下假设：

H₃：主观规范对农户农田林网经营行为意愿有正向显著影响。

H₄：主观规范对农户农田林网经营行为响应有显著影响。

7.2.3 知觉行为控制（PBC）

知觉行为控制是个体对执行某项行为时知觉认知，反映的是执行行为时感知容易或困难的程度，再有个体是否具备自信与实际执行能力的感知。农户知觉行为控制可解释为农户对行为响应发生的控制能力感知。通常"控制信念"与"感知强度"两方面因素构成农户知觉行为控制，"控制信念"是指农户自身所具备的响应该行为的能力（如身体条件、知识技术等），也是约束或促进行为的各种因素。而"感知强度"即对响应农田林网经营难易程度的认知，个体以往的经验和对未来情况的预期以及有影响规范的个人态度被认为是个体感知到的执行某行为难易程度的控制信念的函数。理论上，当缺乏能力、资源或机会响应该行为，或过去类似经验让农户对响应行为预期感知困难，那么其意愿产生的可能性就会降低，行为发生的可能性不大。反之，若农户自身对达到行为目标越自信，越具有执行能力，那么其行为意愿越高，实际行为发生概率越大。基于以上分析，提出如下假设：

H₅：知觉行为控制对农户农田林网经营行为意愿有正向显著影响。

H₆：知觉行为控制对农户农田林网经营行为响应有显著影响。

7.2.4 行为意愿（BI）

意愿表示为愿意执行某一行为而付出时间和精力，也表示为愿意实施某行为而付诸努力的可能性，其主观能动性影响着行为的发生。是影响行为的动机因素，由三个相互关联的整体动机所构成，即态度、主观规范和行为控制认知。农户农田林网经营行为意愿即为农户参与经营的主观概率，是农户行为的自发性计划强度。农户的行为态度、主观规范和认知行为控制三者共同影响农户畜禽养殖废弃物资源化利用意愿，进而对利用行为产生影响。理论上，农户意愿会在实际行为中得到一致性体现，即农户经营意愿越强烈，实际经营行为响应发生概率也就越大。基于以上分析，提出如下假设：

H_7：行为意愿对农户农田林网经营行为响应有显著正向影响。

H_8：行为意愿在行为态度与农户经营行为响应之间起到正向中介作用。

H_9：行为意愿在主观规范与农户经营行为响应之间起到正向中介作用。

H_{10}：行为意愿在知觉行为控制与农户经营行为响应过程中起中介作用。

7.2.5　组织支持（OS）

组织支持用以描述成员对组织是否重视他们贡献的认知，并关心他们福利待遇的总体感觉（Eisenberger R，1986），组织对农户的支持是农户在农田林网经营过程中付出努力的关键因素。组织支持理论认为，组织支持由情感支持及工具支持构成，能够阐释农户对其村组织之间交换关系的满意度（凌文辁等，2006）。组织支持理论认为，组织支持的构成分为情感支持与实际工具支持，而农田林网经营中的组织支持指向农户所在村集体及政府对农户行为的支持力度，能够解析农户在"嵌入式"社会结构中与村、政府组织之间的关系。组织支持是农田林网此类"公共物品私人供给"模式有效性的重要因素，若农户感受到村集体及乡镇政府在大力支持农田林网经营工作，并能主动提供必要工具支持协助达到经营目标，可以减少农户自由资金的投入压力，会使农户愿意参与经营。同时农户若感知到组织在经营过程中提供的物质支持，则组织依附感会随之增强。并且如果能得到组织的关怀与尊重，农户将会获得极大的情感支持，并得到心理满足激发主观能动潜能，做出互惠行动来回报组织给予的支持，促成农户参与经营的行为。不仅能够达到政府所设立公共生态目标，而且会帮助那些有意愿而未能转化行为的农户达成行为。基于以上分析，提出如下假设：

H_{11}：组织支持对农户农田林网经营行为响应有正向显著影响。

H_{12}：组织支持在农户农田林网经营意愿到行为响应过程中起中介作用。

7.3 农户农田林网经营行为响应机理的实证分析

7.3.1 量表设计

在问题的测量上，本部分使用李克特（Liket）五级量表，因为该填答方式的内部一致性程度相对较高，在心理学、管理学调查中广泛应用。该量表是一种次序变量（亓莱滨，2006），在管理学和心理学中，对于涉及主观判断问卷内容的测量具有比较成熟的应用，同时李克特量表能够避免问题项单纯用是或者否来回答，既满足了对主观性判断问题的测度，又能使测度的结果用于定量数据分析。本节采用问卷调查法，以个体农户为研究对象，主要测量了农户农田林网经营行为、意愿、行为态度、主观规范、知觉行为控制等心理变量以及组织支持，量表中采用正向 1~5 进行赋值，问题设置为"完全不赞同"至"完全赞同"层次选项。具体的变量、指标含义及统计结果如表 7-1 所示。

表 7-1　变量含义与统计

变量名称	变量定义	均值	标准差
行为响应（BR）	参与经营行为响应程度	2.40	1.149
行为意愿（BI）	参与经营意愿积极程度	3.98	1.038
行为态度（AB）			
经济理性	经营农田林网能提高作物产量（AB_1）	3.28	1.023
	经营农田林网能改善家庭收入（AB_2）	3.22	1.067
生态理性	农田林网能有效保护农田（AB_3）	3.46	1.254
	农田林网能改善生态环境（AB_4）	3.21	1.197
主观规范（SN）			
示范性规范	邻里亲友认为应该参与农田林网经营（SN_1）	2.65	0.967
	邻里亲友积极主动参与农田林网经营（SN_2）	3.05	0.956

续表

变量名称	变量定义	均值	标准差
主观规范（SN）			
指令性规范	政府与村集体号召参与农田林网经营（SN_3）	2.44	1.261
知觉行为控制（PBC）			
感知强度	认为可以达到经营预期目标（PBC_1）	2.85	1.070
	认为可以克服经营中的阻碍（PBC_2）	3.04	1.118
控制信念	认为有足够的能力参与经营（PBC_3）	3.39	0.995
组织支持（OS）			
	能够提供经营技术指导（OS_1）	2.96	0.906
	能够提供经营设施支持（OS_2）	2.73	1.097
	重视经营中所做的贡献（OS_3）	3.15	1.252
	尊重经营中提出的意见（OS_4）	3.18	1.038

7.3.2 模型设定

本节的解释变量由行为态度、主观规范以及知觉行为控制等构成，变量难以直接测量，不宜采用传统的多元回归方法和 Logistic 回归方法。研究选取结构方程模型（Structural Equation Modeling，SEM）来实现既定的研究目标。SEM 与普通的回归模型相比优势在于可以同时处理多个被解释变量，且解释变量和被解释变量允许存在测量误差。而且结构方程模型（SEM）不能够很好地解决上述问题，同时还能测算直接或间接效应，获取关键驱动路径。因此，本节应用结构方程模型（SEM）分析农户农田林网经营意愿与行为转化。

结构方程模型是将多元回归分析和因素分析两种方法有机地结合在一起，将因子分析的测量模型和路径分析的结构公式整合成一个可以进行数据分析的基本框架。它可以在不忽略其他因变量的同时计算处理因变量，并可以同时计算处理多个因变量；可以在不受测量误差的影响下分析潜变量之间的关系；具有比传统模型更加强大的功能，可以应用在潜变量、存在变量误差、多个因变量等多种复杂条件下的建立模型情况；包含了因素分析与路径分析两种统计方法，可以同时考虑估计因子结构和因子关系（温忠麟，2008）。结构方程模型通过建立具体的因果模型来观测变量间假设的因果关系。而结构方程模型分为测量模型与结构性模型两部分：第一部分，测量方程描述潜变量与观测变量之间的关系，观测变量是通过量表或者问卷等测量工具所获取的直观数据。第二部分，结构方程描述潜变量之间的关系。外生潜变量指作为因的潜在变量，内生潜变量即为作为果的潜在变量。本节构建的 SEM 模型具体形式如下：

$$X = \Lambda_x \xi + \delta \qquad\qquad (7-2)$$

$$Y = \Lambda_y \eta + \varepsilon \qquad\qquad (7-3)$$

$$\eta = B\eta + \Gamma\xi + \zeta \qquad\qquad (7-4)$$

式（7-2）和式（7-3）为测量方程，用来界定潜在变量和观察变量之间的线性关系。X 为外源潜变量的可测变量；Y 为内生潜变量的可测变量；Λ_x 为外源潜变量与其可测变量的关联系数矩阵；Λ_y 为内生潜变量与其可测变量的关联系数矩阵；ξ 为外生潜变量，文中表示农户的生态认知；η 为内生潜变量，文中表示农户农田林网经营行为；δ、ε 为测量模型的残差矩阵。

式（7-4）为结构方程模型，用来界定潜在自变量（行为态度、主观规范与知觉行为控制值）与潜在因变量（农户农田林网经营行为响应）之间的线性关系；B 和 Γ 分别为内生潜变量的系数矩阵和外生潜变量的系数矩阵；ξ 表示未能被解释的部分。

7.3.3 样本的科学性检验

本部分运用结构方程模型（Structural Equation Model，SEM）对概念和构念间的假设关系进行检验。首先对数据分布的正态性及测量量表的内部一致性进行检验，信度分析的检测结果通常用于评价问卷的一致性、稳定性及可靠性。研究采用 Cronbach's α 系数检验样本的信度，使用 SPSS 19 软件对样本进行信度检验。当 Cronbach's α 系数为 0.600~0.699 时，表示信度尚可；为 0.700~0.799 时，表示信度佳；为 0.800 以上时，则表示信度甚佳；为 0.900 以上时，表示量表信度非常理想。由表 7-2 可知，各潜变量的 Cronbach's α 系数均高于 0.6，说明各潜变量所对应的问卷题项具有良好而稳定的信度。

表 7 - 2　变量信度、效度及因子分析结果

潜变量	测量项目	标准因子载荷	Cronbach's α 系数	KMO 值	Bartlett's 球形检验
AB	AB$_1$	0.691	0.783	0.737	1307.946 (sig = 0.000)
	AB$_2$	0.805			
	AB$_3$	0.824			
	AB$_4$	0.791			
SN	SN$_1$	0.836	0.834	0.710	1420.607 (sig = 0.000)
	SN$_2$	0.882			
	SN$_3$	0.900			
PBC	PBC$_1$	0.783	0.765	0.662	895.819 (sig = 0.000)
	PBC$_2$	0.876			
	PBC$_3$	0.813			
OS	OS$_1$	0.756	0.652	0.705	627.620 (sig = 0.000)
	OS$_2$	0.654			
	OS$_3$	0.791			
	OS$_4$	0.609			

　　效度检验包括内容效度（Content Validity）和建构效度两个方面。内容效度指测量题项的适当性与代表性，即测验内容能否反映所要测量变量的特质，能否达到所要测量的目的或行为。一般来说，问卷设计时往往借鉴前人的研究成果来进行，也就是说内容上具有良好的逻辑基础，那么可以认为它们具有较好的内容效度；问卷中农户意愿与行为以及认知等心理决策变量的测量主要参考了周洁红（2006）和王瑜等（2008）的计划行为理论模型以及张忠根（2007）的农户行为意向模型，以保证问卷量表设计能够具有良好的内容效度。建构效度指的是测验样本能够测量出理论的特质或概念的程度，即实际的测量值能解释某一指标特质的多少。如果样本数据能够进行因子分析，则该样本数据具有良好的建构效度。样本数据是否适合进行因子分析，

可以从 KMO 值的大小和 Bartlett's 球形检验来判定。由表 7 – 2 可知，量表具有良好的建构效度。

7.4 实证结果与分析

7.4.1 模型适配度检验

完成模型界定之后，使用 SPSS 19 软件结合 AMOS 24 进行拟合，将相关观测变量与潜变量联系起来，选择最大似然估计法对模型进行拟合，构建完整模型，输出标准化系数模型和标准化模型参数估计，如表 7 – 3 所示。SEM 整体模型适配度指标通常包括绝对适配度指数（χ^2/df、RMSEA、GFI、AGIF 等）、增值适配度指数（IFI、CFI 等）和简约适配度指数（PNFI、PGFI、CN 等）。在判断结构方程模型是否成立，主要通过对一些你和指标的测算来衡量，其中 χ^2/df 一般要求小于 3。但研究样本较大，样本观察值越大，卡方值越大，由于假设模型有相同的自由度（df = 12），因而卡方自由度比值 χ^2/df 也会变得越大，此时整体模型适配度的判别不应只以卡方值或卡方自由度比值两个指标作为判断准则，而临界值在 3.000 ~ 5.000 可以接受。

表 7 – 3 模型适配度检验

适配度指标	具体指标	临界值	估计值
绝对指标	χ^2/df	<3.000	3.818
	RMSEA	<0.080	0.051
	GFI	>0.900	0.968
	AGFI	>0.900	0.951
增值指数	NFI	>0.900	0.933
	RFI	>0.900	0.912
	CFI	>0.900	0.949

续表

适配度指标	具体指标	临界值	估计值
简约指数	PGFI	>0.500	0.636
	PNFI	>0.500	0.707

注：RMSEA 代表近似误差均方差（Root Mean Square Error of Approximation）；AGFI 代表调整拟合优度（Adjust Goodness of Fit Index）；NFI 代表规范拟合指数（Normed Fit Index）；CFI 代表比较拟合指数（Comparative Fit Index）。

7.4.2　假设验证与分析

根据 AMOS 24 软件运行结果，得到假设检验路径系数以及各变量估计参数结果。由表 7 - 4 可知，研究假设 H_1、H_3、H_5 均在 1% 置信水平上显著，行为态度、主观规范与知觉行为控制三者因素对农户意愿具有显著正向影响，假设验证结果与宾幕容等（2017）、杨柳等（2018）、史恒通等（2019）的研究结论保持一致。研究假设 H_2、H_4、H_6 被拒绝，表明对行为响应受到农户行为态度、主观规范与知觉行为控制直接影响并不显著；假设 H_7 ~ H_{10} 通过验证，并且均在 1% 置信水平上显著，说明行为意愿对行为响应具有显著正向影响（1.917）。

表 7 -4　结构模型路径系数及显著性检验

路径	Estimate	S. E	C. R.	假设检验
行为态度→行为意愿	0.753 ***	0.087	8.655	接受 H_1
行为态度→行为响应	0.428	0.278	1.539	拒绝 H_2
主观规范→行为意愿	0.549 ***	0.165	3.327	接受 H_3
主观规范→行为响应	0.219	0.151	1.446	拒绝 H_4
知觉行为控制→行为意愿	0.312 ***	0.081	3.851	接受 H_5
知觉行为控制→行为响应	1.400	0.781	1.794	拒绝 H_6
行为意愿→行为响应	1.917 ***	0.622	3.162	接受 H_7 ~ H_{10}
行为意愿→组织支持	1.183 ***	0.302	3.937	接受 H_{11}
组织支持→行为响应	1.912 ***	0.317	6.038	接受 H_{12}

注：*、**和***分别表示在 10%、5% 和 1% 的置信水平上显著；各路径系数均为标准化估计系数。

结合上述假设验证结果，说明农户认知越明显，其意愿越强烈。但并不会直接促成农户行为；意愿在农户认知与行为响应中具有完全中介作用，认知需通过意愿才能对行为响应产生正向影响，这与邓正华等（2013）、汪文雄（2017）的研究结论相吻合。另外，研究假设 H_{11}、H_{12} 得到证实，路径系数分别为 1.183、1.912。表明组织支持是影响农户农田林网经营行为响应的重要因素，组织支持可以促成农户意愿向行为响应方面的转化，并且发挥着意愿到行为响应正向中介效应，农户意愿在组织支持诱发性因素下可有效转化为实际行为。

潜变量和可测变量间的关系可由表 7 - 5 归纳如下：农户对农田林网益处的了解与认同程度越高，其行为意愿也会越强烈。农户经济理性认为农田林网经营带来收入的增加，才会有更积极的态度并响应经营，对农户行为选择在一定程度上是基于有限理性的成本效益分析。但相比经济理性，农户更具生态理性（1.000 + 0.730 < 1.329 + 0.687），其中农户认为农田林网可以保护农田的认知对行为态度影响贡献度最大（1.329）。传统经济学理论认为，农户是具有追求利润最大化的"理性经济人"。但农田林网作为一种特殊生态产品，生态价值远高于直接经济价值。处于新疆这类自然灾害高发区的农户，农田林网建设前后环境对比迫使农户切身感知更具生态化，因而农户生态理性认可度较高，对经营行为意愿产生积极影响。

表 7 - 5　测量模型路径系数及显著性检验

路径	Estimate	S. E	C. R.	路径	Estimate	S. E	C. R.
$AB_1 \leftarrow AB$	1.000	—	—	$PBC_1 \leftarrow PBC$	1.000	—	—
$AB_2 \leftarrow AB$	0.730***	0.182	3.921	$PBC_2 \leftarrow PBC$	1.064***	0.138	7.710
$AB_3 \leftarrow AB$	1.329***	0.158	8.411	$PBC_3 \leftarrow PBC$	1.622***	0.187	8.674
$AB_4 \leftarrow AB$	0.687***	0.219	3.136	$OS_1 \leftarrow OS$	1.000	—	—
$SN_1 \leftarrow SN$	1.000	—	—	$OS_2 \leftarrow OS$	0.892	0.105	4.686

续表

路径	Estimate	S. E	C. R.	路径	Estimate	S. E	C. R.
$SN_2 \leftarrow SN$	1. 118***	0. 094	11. 894	$OS_3 \leftarrow OS$	1. 096	0. 093	7. 484
$SN_3 \leftarrow SN$	0. 713***	0. 195	3. 661	$OS_4 \leftarrow OS$	1. 137	0. 112	10. 152

注：*、**和***分别表示在10%、5%和1%的置信水平上显著；各路径系数均为标准化估计系数。

主观规范各变量路径系数显著为正，表明农户在农田林网经营行为响应过程中来自社会各界的外界压力（示范性规范和指令性规范）越大，其参与农田林网经营的意愿程度越高，农户决定是否参与农田林网经营在很大程度上会考虑亲友、乡邻与政府的意见。由表7-5可知，在两个维度的主观规范中，来自邻里亲友的影响明显大于政府影响，其中邻里亲友积极主动参与经营的影响最大（1.118）。农户行为受社会网络关系影响，农户与邻里亲友的日常接触程度明显高于政府的接触程度，农户受制于从众心理行为上采取跟随状态，因而示范性规范比指令性规范具有更大影响。但示范性规范也存在错误性指引，易造成农户出现逆向行为选择，相对其他规范存在"短板"，而政府政策性措施恰好对"短板"具有消除作用，政府理应倡导正向行为，纠正错误性示范，使得两种规范相互促进与补充，以便加强主观规范的积极作用。

知觉行为控制各变量路径系数显著为正，表明农户主观心理行为控制能力越强，其行为意愿产生的可能性越大，实际行为发生则越发可能。在控制信念维度中农户能力的认知贡献度最大（1.622），对农田林网经营需要投入一定的资金和劳动力，需要掌握一定的营林技术，当农户知觉自身有足够的能力来承担经营时，其行为控制认知越强，经营行为意愿也就越强烈。与控制信念相协调的是，感知强度是从农户自身心理反映出的认知程度，以强调对经营意愿与行为的自信程度。农田林网经营是一项周期较长的生产劳动，期间出现的各类情况需要农户心理预测与克服，否则实施过程较为困难。农田林网经营也是公共生态目标的产物，这种特性决定了需要外部采取适宜的措施来支持，能够让农户对经营充满信心，进而更加有利于其行为响应的发生。

组织支持各变量路径系数显著，表明农户的行为响应逻辑除了需要内生上的"自发性"外，还需外部环境的"诱发性"。其中技术指导（1.000）、设施支持（0.892）、重视贡献（1.096）及尊重意见（1.137），变量表明组织支持因素的重要性。调查表明，不到一半的农户认为自己具备足够的营林技术，营林技术的缺失限制了经营行为响应的实现。而新疆部分地区基础设施薄弱，营林环境不足，同样极大地限制了农户的行为响应；另外，农户也具备"社会人"组织制度安排中能够充分满足农户心理慰藉，反映农户诉求，尤其农田林网的正外部性和非排他性会造成农户主观风险感知，有必要提供一定的补贴来激励农户的生产决策，充分维持农户经营生产积极性。若能加大设施支持力度，那么农户的行为响应会更加强烈。

7.5　本章小结

本章利用 1106 户农户调查数据，构建改进型的计划行为理论模型，运用 SEM 模型来分析农户农田林网经营行为响应机理，通过本章研究发现了：

第一，农户经营行为响应机理可以通过计划行为理论进行较好的解释。行为态度、主观规范和知觉行为控制形成的农户个体认知，对行为意愿具有正向显著影响，而对实际行为的直接效应不大。同时验证了行为意愿对农户行为响应具有显著正向影响，行为意愿是农户经营行为响应逻辑中必不可少的一个中介变量，形成"认知→意愿→行为"这一行为响应路径，即"计划行为理论"理论的行为逻辑符合农户行为响应机理。组织支持在农户意愿到行为转化过程起中介变量作用，作为外部环境的"诱发性"因素具有显著正向影响。

第二，农户认知中三个潜变量对意愿的路径系数由高到低分别为行为态度（0.753）、主观规范（0.549）与知觉行为控制（0.312），这与程琳等（2014）、殷志扬等（2012）研究结论中农户行为态度对行为意愿影响作用最大，主观规范影响次之，知觉行为控制影响最小的结论保持一致。研究还发现农户行为态度更多的是依赖于农户生态认知，生态认知的形成需要农户充分体会到农田林网带来的生态优化作用，并根据感知来促使内生行为响应。而农户在行为选择时，更多地听从经营户以及邻里亲友的意见，他人意见对其自身行为具有指导引领作用。农户自身禀赋、个体能力决定其对经营的行为控制力，只有具备较强能力的农户才有可能成为实际行为响应的实施者。

第8章 农田林网经营模式优化与激励机制构建

8.1 农田林网经营模式优化

农田林网所具有典型的外部经济性特征决定了其资源不能被有效配置，进而导致了"市场失灵"，出现了中央政府要生态效益、地方政府要经济发展、农民要生存的矛盾，兵团作为中央政府的有力执行者，其集体经营模式虽然保证了农田林网的生态效益却无法确保实现经济效益的实现，但是作为"理性经济人"的林农则是单纯追求经济效益最大化，而忽视了生态效益的发展，而林农合作组织则汲取了两种纯粹制度安排的长处，既能保证生态效益的实现又能确保不损害林农的经济利益，是一种较为理想的林业经营组织形式。

8.1.1 优化理念

我国农田林网经营模式优化发展可以从以下几个定位出发。

8.1.1.1 促进农田林网经营，吸引社会资金进入

林业合作组织是以林农为基础，将家庭式小规模生产与社会化大生产结合起来的一种组织形式，具有家庭经营的特征和突破创新了产权制度、经营机制、内部经济关系双重特征，弥补了林农小规模生产的不足。首先，通过促进林地使用权的流转实现了农田林网的集约经营，形成了农田林网生产的规模经济效应，大幅提升农田综合产出能力和抵御自然灾害能力，改善了农

村生态环境；其次，促进了农田林网新型经营主体多元化，为外来资本的进入提供了平台，有效地拓展了农田林网投融资渠道，促进了社会办林格局的形成，为我国农田林网产业发展注入了新的活力；再次，林业合作组织可以按照市场经济规律，进行林木和林地使用权流转、森林采伐和木材流通，是政府逐步放宽对农田林网经营行为的硬性管制、搞活经营权后形成的新型经营主体；最后，应该将比较成熟的农田林网营造及管理技术的理论知识应用到实践生产中去，提供生产、经营、管理和技术等环节的指导，使科研、生产、加工、销售和经营成为一条产业链，充分发挥农田林网生产经营的经济效益最大化，与其他经营模式相比，这种市场化经营模式更能促进林产品品质和数量的共同提升，拉动农田林网生态效益最大化的实现。因此，发展林农合作组织的首要问题是促进农村林业生产要素的充分利用和农田林网的持续经营。

8.1.1.2　农户横向联合发展规模化经营

以市场需求为导向，以农户经营为基础，以加工企业为依托，以系列化服务为手段，将产供销联合为一体而形成的新型经营模式即为新型合作经营模式。传统农户的农户独立经营形式使其几乎覆盖了生产前向和生产后向的所有环节，粗放的经营方式和比较效益低下使小生产与大流通、小市场与大市场之间存在很大的"鸿沟"，因此，基于经营规模扩大的目的将分散农户进行集聚以便实现横向联合，从而提高市场谈判话语权，显著增强联合经营体与市场的讨价还价能力，降低了交易成本。横向联合的农户在产业规模扩大、生产专业化劳动分工方面具有较为有利的条件。

8.1.1.3　农户纵向合作发展产业化经营

在产业化条件下，农户将农田林网集中起来形成规模化的农田林网产业链，大多细分为树苗采购、种植、培育、生产、加工、销售等环节，并根据范围经济的原理合并为生产、加工、技术服务、产品物流四个板块，林业产业链的各大板块劳动力配置原则是农户意愿和技能禀赋的有效结合，对业务流程管理和培训熟悉掌握的基础上成为专业化、技能多样化共同发展的农业技术工人，采用机械设备替代平衡富余劳动力解决时令性强、劳动需求量大的业务流程出现的季节性失衡问题，既满足了林业劳动力充分就业，又能减少产业链环节间的多重委托代理关系，有效解决了多业务流程委托代理中的因信息不对称产生的较高交易成本问题。

8.1.1.4 农户联合发展产业化规模经营

发展产业化规模经营是指通过横向联合与纵向合作将技术、物流外包给具有比较优势的林业合作经济组织，释放出更多剩余农村劳动力非林转移，更快地提升农户林业和非林收入；企业对农户转让的农田林网进行集中组织经营，企业和林业合作经济组织之间相互持股，优化了农户与企业、企业与林业合作经济组织之间的组织结构和收益共享机制，推动农户、企业和林业合作经济组织之间联合为一个利益共同体，提高农户抵御自然风险和市场风险的能力，提高农户的组织化程度和农田林网的集约化经营水平，在农户与现代大市场之间建立了一座连接的"桥梁"，使农户与现代大市场实现了更好的对接，从而使纯林户、兼业户、转出户都能不断地从农田林网增产中增收，并为国家增加了税收。可见，林业合作经济组织对发展农户横向联合与纵向合作经营具有明显的经济效益、社会效益和生态效益，不失为农田林网经营的一条有效途径。

8.1.2 经营框架

农田林网新型合作经营模式经营框架构建如图8-1所示。

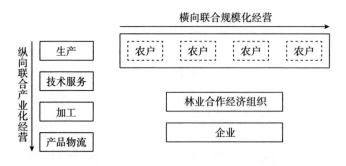

图8-1 农田林网新型合作经营模式经营框架构建

8.1.3 合作经营模式

8.1.3.1 "公司 + 基地 + 农户"经营模式

"公司 + 基地 + 农户"经营模式是公司、林农分别以资金和资源、劳动入股，以林业合作组织为"桥梁"形成的风险共担、利益共享的资本和劳动的双重联合经营体。与合作前的企业经营状况相比，合作后的企业具有稳定的生产基地、政府的优惠政策，较低经营风险和经营成本等优势。引入企业化规范管理的合作组织使管理难题得到解决、资金需求得到融通。以合作组织为纽带的林农使交易成本得以降低，谈判能力得以提升，资金、管理、技术稀缺问题得到解决，从而显著提高了农户经营收入，如图 8 - 2 所示。

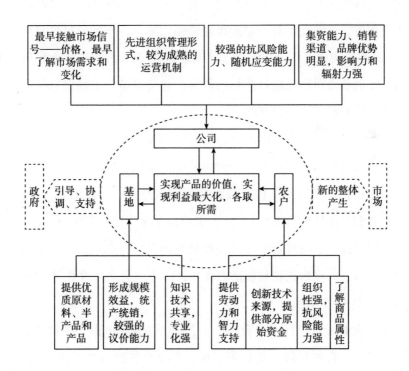

图 8 - 2 "公司 + 基地 + 农户"经营模式

此模式有三个特征：第一，政府引导协调和支持作用是推动力，通过合理和科学的管理将"公司""基地"和"农户"的目标和地区经济发展的要求统一起来，并克服三者间由于追求短期利益造成的摩擦和纠纷，充分发挥政府作为强大推动力在招商引资、产业定位、对外宣传、税收优惠、法律保护给予的扶持作用。第二，"公司＋基地＋农户"通过"虚拟联盟"的方式实现"权责明确、利益共享、风险共担"，"农户""基地"和"公司"通过签订农产品的产销合同等法律形式确定各自的权利、责任和义务，"农户"通过将市场风险部分转移给"基地"和"公司"，从而大大降低了单个农户独自经营的风险；"基地"和"农户"通过产销合同上规定的价格、数量和质量等进行扩大化生产、形成规模经济，大大降低了生产成本；"公司"按照产销合同的规定对农产品进行收购、加工和生产，既保证了"农民"经济利益不受损失，又实现了林产品的市场价值。第三，市场是最终目标，通过"企业"集约化和规模化的生产提高了林产品的竞争力和抗御市场风险的能力，满足了消费者对高品质林产品的需求，并及时通过市场信息的反馈适时调整生产，进而形成一个完整的"回路"。

8.1.3.2　"公司＋合作社＋农户"经营模式

以市场需求为导向，以农户经营为基础，以林业专业合作社为媒介，以龙头企业为依托，通过集成创新最终形成家庭经营、公司经营、合作经营、产业化经营和行业协调"五位一体"，农户、企业、林业专业合作社"三方"共赢的发展局面，有机整合和充分发挥农户经营、合作经营、公司经营的经营机制以及这三大经营机制与制度的优势，即为"公司＋合作社＋农户"经营模式，如图8－3所示。

由于"企业＋农户"或"合作社＋农户"经营组织形式在农林业生产中存在市场风险、自然风险、信息不对称、不完全契约以及道德风险等因素，因此，在此基础上加入合作社这一载体，形成了一种新模式，即"企业＋合作社＋农户"经营模式。其具有三个明显的优越性：第一，林业专业"合作

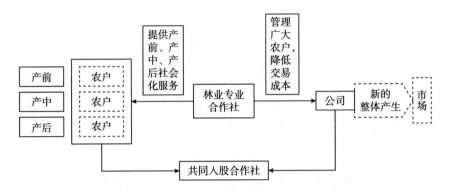

图 8 - 3　"公司 + 合作社 + 农户"经营模式

社"作为联结"公司"和"农户"之间的媒介，显著减少了"公司"与"农户"之间的市场交易成本。第二，"公司"（企业）和"农户"可以通过林业专业"合作社"这一载体进行更多的合作，如"公司"（企业）和"农户"可以共同入股"合作社"。一方面稳定上下游关系既可以选择购销合同，也可以选择技术扶持机制；另一方面深化公司与农户的关系必须通过股权这一利益纽带。第三，作为衔接"农户"和"公司"（企业）的载体，林业专业"合作社"也通过为"农户"提供诸如技术指导、生产服务等一系列专业化服务发挥自己作为服务组织的作用，形成"生产在户、服务在社"的新型农田林网合作经营模式。

8.1.3.3　"公司 + 基地 + 合作社 + 农户"经营模式

以市场需求为导向，以农户为基础，以林业专业合作社为纽带，以基地为载体，大力发展订单农业，实行统一供种、统一标准、统一收购、统一加工、统一销售的一体化运营模式，确保了产品从种植、生产、培育、销售全过程的质量安全，走出了一条合作社参与组建龙头企业，企业连基地、基地带农户的新路子，使龙头企业、合作社和农户之间结成"风险共担，利益均沾"的经济利益共同体，即为"公司 + 基地 + 合作社 + 农户"经营模式，如图 8 - 4 所示。

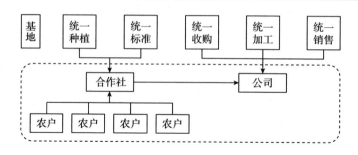

图8-4 "公司+基地+合作社+农户"经营模式

此模式有三个特征：第一，科学技术是第一生产力，通过"公司+基地+合作社+农户"经营模式将种植、生产、加工、销售、科研联合为一体，积极发展农田林网标准化生产，把科技成果转化为现实生产力，大力推进农田林网示范基地建设，运用"统一、简化、协调、优选"原则，把农田林网产前、产中、产后各个环节纳入标准生产和标准管理的轨道，大大提升了林产品质量和生产效率。第二，"合作社"成为联结"农户"的关键。"合作社"把农田林网集中起来，"农户"要种就自己种，自己不种就由"合作社"来种，"合作社"给"农户"补贴。"农户"以后若想自己种，"合作社"马上把农田林网归还给"农户"。第三，该模式改变了以往"重输血"式扶贫的模式，增加了农民自身的"造血"功能，使农民成为增收致富的主动需求方，实现了"农户"、"合作社"、"公司"、政府的"多赢"局面。

8.2 农田林网经营行为激励机制构建

8.2.1 激励机制构建的基本原则

8.2.1.1 正激励与负激励并重原则

根据组织行为学中的相关理论，激励是指运用各种有效的方法，调动被激励者充分发挥其创造性和主动性，以期实现组织的既定目标的过程，其实质是通过影响人的需求或动机以达到引导人的行为的目的。一般可将激励分为两种类型：正激励和负激励。作为相辅相成的两种激励类型，两者各自从不同的方面对人的行为起强化作用。正激励是一种主动性的激励，它通过对激励对象进行正面激励的方式，来引导其积极的行为方式，比如肯定、支持、赞扬等，都是正激励的手段。负激励则是被动性的激励，它主要是通过否定、批评、惩罚等负面手段对激励对象进行激励，以达到既定的激励效果。正激励是对其行为的一种肯定，通过奖赏鼓励其行为继续进行下去；负激励则主要是对其行为的一种否定，实则是为了制止其行为的继续，这两种激励方式同等重要。单纯的正激励或是负激励的作用效果很有限，要构建合理的激励约束机制，绝不能只从一个方面入手，应当从正、反两个方面同时作用、同时强化，才能产生较为合宜的效果。因此在构建激励约束机制时，不仅要注意发挥正激励的作用，也要适当地运用负激励的手段，从激励和约束两个方面来保证农户的行为沿着国家希望的生态方向前进。

8.2.1.2　成本收益衡量原则

农户对于政策的反应受到成本和收益、信息可获得性、技术援助以及风险等因素的影响，尤其是对成本和收益的考虑，成为农户是否选择相应政策的关键，而因为对不确定性的因素所可能带来的风险的考虑，从一个侧面也反映了农户对于成本和收益不对等，甚至严重失衡的担忧。

因此，在构建农户行为激励约束机制时，应该充分考虑农户因为采用经营生产和生活方式而可能产生的较高的成本和风险，尽可能地减少农户因此所可能遭受的损失，最起码不能让农户的收益和福利水平低于不经营的农户，只有充分解决了农户的后顾之忧，保障农户在降低风险和成本的前提下，能获得较为合意的收益，才能充分调动广大农户参与的积极性，从而保证产生良好的政策效果。

8.2.1.3 谁受益谁补偿的原则

农户的农田林网经营行为不仅可以改善自身的生产生活环境，由于其分布广、人口众多，也会对整个地区的农业生态环境甚至整体的环境系统产生积极的影响，同时，地区环境改善的正效应也会辐射到其他地区，势必会对整体区域的环境产生深远的影响。但是由于经营项目具有公共产品的特性，其产生的正外部效应巨大，许多因为参与建设的地区为保护生态环境失去了很多的发展机会，因此，长期以来都是通过专项的财政资金来支持农田林网建设项目。按照国际惯例，应该实行"谁受益，谁补偿"的生态利益补偿原则，增加促进新疆地区生态环境建设尤其是农业生态环境改善和恢复的资金来源，促进该项改善农业生态环境项目的可持续发展。

8.2.2 激励农户农田林网经营的制度体系

制度创新理论和激励理论对于进一步完善新疆地区农户参与机制具有重要的指导意义。

关于制度创新理论。完整制度创新理论是由美国经济学家道格拉斯·诺斯及戴维斯等提出的。制度创新理论的代表人物戴维斯和道格拉斯·诺斯于1971年共同出版了《制度变革和美国经济增长》一书，较为系统地论述了制度创新理论。诺斯的制度创新理论认为现存制度下潜在的获利机会引发了制度创新，制度创新是为了获取这种潜在收益而对现存制度安排的一种突破。当人们认为这种潜在收益大于制度创新成本时，新的制度安排就会出现。制度创新的实质是改善社会和经济激励结构和信息传递结构。新制度经济学认为，所谓制度创新是指社会规范体系的选择、创造、新建和优化的统称，包括制度的调整、完善、改革和更替等。

关于激励理论，在20世纪初，管理学家、心理学家和社会学家就从不同的角度研究了怎样激励人的问题，并提出了相应的激励理论。这种激励理论侧重于对人的共性分析，服务于管理者调动生产者积极性的需要，以克服泰勒首创的科学主义管理在人的激励方面存在的严重不足。自进入21世纪以来，激励理论经历了由单一的金钱刺激到满足多种需要、由激励条件泛化到激励因素明晰、由激励基础研究到激励过程探索的历史演变过程（吴云，1996）。综合激励模式理论是由罗伯特·豪斯提出的，他把内外激励因素都考虑进去，认为激励力量的大小取决于诸多激励因素共同作用的状况。

根据激励和制度创新的相关理论，结合前文相关研究内容，我们可以发现，要进一步激励和促进农户更好地参与农田林网建设与经营，实质上取决于三方面的因素：第一，农户本身的因素，即提高农户自身的参与能力。第二，项目因素，创新工程实施机制，采取参与式工程运作模式，促进农户有更多的机会参与。第三，政府及相关部门要进一步创新配套保障机制，降低农户参与经营的成本和风险，确保农户参与经营的收益，以激励农户更加广泛深入地参与农田林网经营。

因此，对应于上述三方面的因素，本章提出如下制度创新设计：第一，构建可持续的农户自我发展机制，包括能力持续提高机制、资源持续利用机制、经济持续发展机制等。第二，参与式的项目运行机制，包括参与式规划机制、参与式竞标机制、参与式监测评估机制、参与式管理机制等。第三，公平有效的配套保障机制，包括多元补偿激励机制、林权安全保障机制、林木收购机制、风险规避机制、林业投资激励机制、生态效益补偿机制、产业扶持激励机制等。

8.2.2.1 可持续的农户自我发展机制

构筑可持续的农户自我发展机制，有助于扩充农户的收入来源渠道，实现稳定持续的多元就业模式，降低农户对土地的依赖程度，并有利于提高农户的参与能力、风险承受能力，以确保农户参与的积极性和保持行为的持续性。可持续的农户自我发展机制设计，主要包括：①能力持续提高机制。农户要转变落后观念，积极进取，积极争取各种能力提高的机会，积极参与技术培训和技能培训，提高专业技术掌握水平，掌握劳动技能，提高农户的自组织能力和持续创收能力。②资源持续利用机制。农户的自我发展在很大程度上还依赖于农村的土地资源,通过树立资源持续利用观念,掌握资源持续利用技术,提高资源利用管理水平,提高资源利用产出率,实现资源的可持续利用,并最终实现农户自我发展的可持续性。③经济持续发展机制。经济持续发展是农户自我发展可持续的重要体现和关键衡量标准。只有农户有了持续的经济发展,农户的自我发展才能最终可持续,农户参与行为也才能可持续。因此,农户自身应该积极从事法律允许的经济活动、进一步拓展经济来源渠道,通过深化经营、多种经营等方式来实现农户经济的持续发展。当然,农户的自我发展机制的形成在很大程度上也依赖于政府的配套保障机制和工程利益机制落实。因此,下文将侧重分析经营机制创新和政府配套保障机制创新。

8.2.2.2 参与式的项目运行机制

参与式方法是发展主体积极、全面地介入发展项目的有关决策、实施、管理和利益分享等过程的一种方法。参与式方法经过长期的发展,形成了许多成熟的工具,强调发展主体平等参与。在农田林网经营中,农户是项目实施的主体,农户应当平等自愿地参与该项工程。主管部门和实施单位通过将参与式工具或方法应用于经营项目,可以创造和谐的实施环境,提升农户的参与积极性和主动性,也有助于提高农户自我组织和自我发展能力,确保农户在经营中获得利益,促使农户自觉地履行经营建设的职责,从而真正达到根本目的,实现农村经济的可持续发展。

(1) 参与经营项目规划机制。正如前文所述,参与式是社区林业理论的核心。参与式是相对于传统做法而言的,其特点是项目的主体是农户,以人为本,充分重视农户的愿望、利益和需求农户自愿参与,同时注重弱势群体和妇女的参与决策是自下而上,外来者是项目的引导者、推动者、服务者,重视和发挥乡土知识和传统经验的作用项目的失败率下降,可持续性明显增加。在多数情况下,参与式规划在我国用于外援项目的规划设计上,由于不同的项目有各自的特殊要求，不能照搬和套用一个模式。但它们都有共同的特点。一般来说，参与式规划是一种自下而上的规划方法，是一个项目实施主体参与的过程。农户是规划的中心，是规划的基本单元和实施的主体。规划由土地使用者和相关的政府部门密切合作来进行，使农户的知识、利益与专家的技术知识和管理人员的知识共同分享，在搞清楚农户对土地利用、造林地块范围、适合的树种及可能的经营管理方式等的基础上，再进行相关的设计。

参与式经营规划是一种全新的林业规划方法，与传统林业规划方法不同，在遵循大的原则下，一切决策都由农民自己做出，是一个"从下而上"的过程，是在技术员详细宣传、介绍项目后，让农民充分了解项目细节，然后自行决定是否参加项目自主选择造林地、造林模型、造林树种、株行距自主决定各自参与造林面积以及造林的抚育、管护方式，林产品利益分成比例及分配办法，技术员只提供技术咨询的一种规划方法。当然，在上述规划过程中，县、乡林业技术员对农民给予技术咨询指导并指出农民的规划是否在技术上可行，所选树种是否适宜当地的立地条件及是否符合项目宗旨等，如表 8 - 1 所示。

表 8 - 1　参与式农田林网规划与传统规划的比较

比较项目	参与式经营项目规划	传统经营项目规划
参与性质	农户主动参与、尊重农户意愿	农户被动参与、农户意愿尊重不足
规划程序	自下而上	自上而下
规划原则	以人为本	以物为本
规划导向	农户需求为导向	以政府需求为导向
规划单位	以社区为单元	以县乡为单元
规划作用	规划不只是蓝图，而是行动计划	规划只是一个蓝图
部门合作	多部门合作	部门间合作较少

比较项目	参与式经营项目规划	传统经营项目规划
规划依托	以市场为依托	以计划为依托
支撑体系	规划技术支撑充分	支撑体系考虑不足
规划类型	多种类型的方案（自助餐方案）	固定的成套方案（套餐）

在前人研究的基础上，笔者尝试性地将参与式农田林网经营规划机制设计如下：政府首先通过相关政策宣传，帮助农户加深对项目及项目政策的认知，以形成是否参与的行为意愿，进而工程工作人员实地调查农户参与意愿，进一步确认自愿参与地块、面积、还林模式、林种结构等信息，并对上述信息加以登记造册，进而基于村社对意愿情况加以公示反馈，如无异议，则进一步编制汇总村社经营计划，而后逐级上报计划，计划获核实批准后，下达计划并基于村社加以实施，进而具体开展参与式作业设计及具体的造林活动，最后经参与式检验收后兑现相关政策，实现农户合理经营意愿的满足。由此可见，参与式农田林网经营项目经营规划具有以人为本，农户参与程度高，项目目标符合农户的需求，有利于提高社区及社区农户的自我发展能力。

（2）参与式项目投标机制。招标投标制是适应市场经济规律的一种竞争方式，是加强工程管理的重要经济手段，对维护工程建设的市场秩序、控制建设工期、保障工程质量、提高工程效益具有重要意义。《中华人民共和国招标投标法》对工程招标投标管理的方式、程序、内容等都做出了明确规定。1997年国家计划委员会颁布的《国家基本建设大中型项目实行招标投标的暂行规定》要求建设项目主体工程的设计、建筑安装、监理和主要设备、材料供应、工程总承包单位以及招标代理机构，除保密上有特殊要求或国务院另有规定外，必须通过招标确定，应当认真贯彻执行。招投标是招标人采购方或业主发出招标公告，说明需要采购商品或发包工程项目的具体内容，邀请投标人在规定的时间和地点投标，从中择优选出最有利于招标人的投标人，并与之签订合同，使交易得以实现的一种交易方式，具有公开、公平、公正、竞争、择优等特点。从经济学的角度分析，招投标能够发挥信息揭示和信息传播的功能，有效减少信息不对称从而降低交易成本。在招投标过程中，如何让"价格"说实话，使资质好、信誉高、成本低的承包人报出相对较低的、有竞争力的投标价格从而中标，是招投标机制设计中所要解决的核心问题。

在计划经济体制下，工程项目的规划设计、施工、材料供应等，多是由行政管理部门指定，使工程设计质量、施工进度控制及质量、物资供应的时效及质量等难以保障。实行招投标将有利于克服这些弊端。在市场经济体制下，农田林网经营项目也应该适当引入招投标机制，以确保工程实施的公平性、科学性、经济性和合理性。尝试性地提出一套较为全面的工程招投标机制创新体系，具体包括项目规划设计招投标机制、经营任务指标招投标制、林木种苗供给招投标机制、项目设备材料采购招投标机制、作业施工队伍招投标机制、项目监理招投标机制等。通过引入上述招投标机制，以确保项目规划的科学性和合理性，经营指标分配的公平性和合理性，种苗供给的优质性和经济性，材料采购的经济性和公正性，作业施工质量的优质性和经济性，项目监理工作的有效性和公正性。主管部门可以通过引入这些竞标机制，提高经营项目实施过程的公开性、公正性、公平性，以便让广大农户有更多的参与权、知情权和监督权，有利于提高农户参与层次。当然，在具体的招投标实践中，也存在着程序复杂化和一部分农户缺乏能力难以实际参与的弊端，这有待于在实践中进一步加以研究解决。

（3）参与式项目监测评估机制。监测是在一定的时间范围（如一个项目周期）内系统地、定期地收集、整理、分析与项目有关的信息资料以观察和测定变化的趋势。评估是定期了解、评价和回顾项目干预措施或研究变化和影响以判断其有效性和持续性。参与式的监测评估就是在监钡评估专家和项目所在地利益相关群体共同讨论、共同参与的前提下进行的一种评估模式。

参与式监测评估是一种从国外引进的新型的监测评估方法，它是在传统监测评估的基础上充分考虑监测评估相关团体的参与性、内容的有效性、过程的效率、基层的权力等方面，融合参与式农村评估、矩阵分析法、流程图、问题树、专题定点小组访谈、半结构式访谈等众多的先进手段和方法形成的一种定性描述和定量分析相结合的监测评估方法（高峰等，2006）。

参与式监测评估，在实施目的、实施主体、监评指标体系、实施频率、实施程序、农户参与性质上，有异于传统的项目监测评估（见表 8 - 2）。参与式农田林网经营监测评估是强调以各利益主体特别是农户参与为核心的监测评估方法。"参与"既是目的也是手段，通过涉及项目的所有相关单位的参与，充分挖掘和综合各个单位知识和能力，以期能够获得真实的、符合本土利益的监测评估结果。"参与"应该在监测评估过程中体现出普遍性、全程性、深入性。应最大限度使涉及项目的各个单位都参与进来，以保证在监测评估过程中能够考虑到各个方面的影响和利益。参与式农田林网经营监测评估的目的是对参与农户进行赋权，让社区成员充分参与到项目实施的全过程，并使他们成为甄别项目成功与否的判定者，但使用的方法应简约明了，让当地居民具有成就感、拥有感和责任感，让他们提出自己的发展愿望，从而促使社区成员向他们认为能够成功的方向努力。

表 8 - 2   参与式农田林网经营监测评估与传统监测评估比较

比较项目	参与式监测评估	传统监测评估
实施目的	优化项目实施、促进农户参与	项目影响评价
实施主体	包括农户在内的各利益方	专家学者官员
指标体系	参与式编制监评指标体系	相关专家编制监评指标体系
实施频率	经常、连续、定期	因需要而定
实施程序	自下而上	自上而下
农户参与性质	高层次的赋权参与	低层次的受访参与

（4）其他参与式农田林网经营管理机制。常言道"三分造，七分管"。要长期确保造林成效，项目管理部门必须让经营农户更广泛地参与工程管理，特别是参与到对项目建设的管理全程中。可运用参与式方法探索出一些更有效的管理机制和模式，加强管理机构的管理制度建设，具体而言，管理部门可以通过进一步构建参与式项目政策咨询机制、参与式项目政策制定听证机制、参与式立项调查机制、参与式项目信息反馈机制、参与式项目检查验收机制、参与式项目宣传机制、参与式项目管护机制等，上述机制的构建，将有利于提升农户参与层次，并最终有利于优化管理和绩效。

8.2.2.3　公平有效的配套保障机制

通过配套保障机制的建设，有利于农户形成稳定的收益预期，降低农户对经营风险的心理预期，从而可以更好地激励农户积极参与经营，并保持经营行为，最终有利于经营目标的实现和项目成果的进一步巩固。公平有效的配套保障机制，包括多元补偿激励机制、林权安全保障机制、林木收购机制、经营风险规避机制、林业投资激励机制、生态效益补偿机制、产业扶持激励机制等。在此，重点介绍多元补偿激励机制、林权安全保障机制。

（1）多元补偿机制。环境经济学理论告诉我们，重建植被，改善区域生态环境状况，由此而影响农户目前的收入水平，农户是受损者，应给予补偿。补偿有直接补偿和间接补偿两种方式（厉以宁等，1986）。直接补偿是农户因从事林业生产而导致农业收入下降而应该得到的粮食和现金补偿，由政府及有关部门支付给农户个人。直接补偿因其补助标准的高低，有充分补偿、不充分补偿、部分补偿和过度补偿。判断这种补偿是否充分的标准在于直接受损者在财产、收入方面遭受的损失数额与从政府有关部门得到补偿费数额的比较，两者相符的是充分补偿。补偿额小于损失额，为不充分补偿，反之，则为过度补偿。

农田林网的直接补偿机制包括：第一，国家直接补偿，包括直接的现金补偿。第二，社会补偿。社会补偿泛指由受益的地区、部门企业和个人提供的直接补偿。具体包括地区补偿、部门补偿、个人补偿（支玲等，2004）。
①地区补偿。西部是我国生态环境的重要屏障，是中部、东部的资源输出地，
在西部进行生态环境建设，对下游地区的公益价值是巨大的。向受益地区征
收生态环境补偿费，有其合理性。比如向下游地区的水资源管理者和使用者、
向下游的森林使用者收取补偿费等。②部门补偿：农田林网影响农业、林业、
牧业、粮食、旅游、国土、则税、水利、扶贫、乡镇、同级政府、企业等诸
多机构和部门，这些部门在工程实施中所承担责任和获得的利益是不同的。
对于县级政府而言，通过农田林网能获得国家的投资项目、解决贫困地区农
民增收问题，从而积累政绩。对于粮食部门而言，通过农田林网能保证粮食
稳定生产。对于林业部门和乡镇一级而言，承担的责任和完成的工作量最大，
却缺乏必要的工作经费，其结果是完成任务越多，管理工作做得越实，经费
亏空缺口越大，权利和义务不对称，因此，宏大的农田林网生态工程成了林
管部门一项难以言表的负担，出现县级政府和农户热而林管部门冷的局面。
因此，协调部门间的利益关系，调动各方面的积极性是部门补偿的关键。
③个人补偿：农田林网经营的实施，改善了生态环境，奠定了经济发展的基
础，其效益具有广泛性，有关个人也从中受益，应通过交纳生态环境建设费、
发行生态环境建设彩票等方式体现个人的补偿内容。然而，由于经营农户涉
及面广、地区差异大、土地生产力水平不一，因此直接补偿不充分有可能发
生，单一靠提高直接补偿费，满足经营农户的需要，实际难以做到。因此，
还可以通过间接补偿的方式来对农户损失加以弥补。间接补偿方式包括给予
优惠贷款、就业指导和帮助、技术援助、扶持发展新产业、政策倾斜等方式
（支玲等，2003）。间接补偿是逐渐产生效应的，受损者在这个过程中陆续得
到实际的好处，所以间接补偿可以被视为多次补偿、分期补偿。因此，在实
施中，应把直接补偿和间接补偿相结合，构建起多元的补偿机制参见，利用
直接补偿的机遇，强化间接补偿，调整产业结构，尽快发展后续产业，通过
产业开发促进经济发展、增加农户收入，才是长久之策。

（2）充分的林权安全保障机制。在所有利益关系中权属利益关系是最基础的，也是最具有制度保障性的，所以说不能很好地体现和保障权属利益关系的政策是不科学的，更难以取得好的政策效果。从经济学的角度来看，权属利益关系的明晰是经济系统得以运行的充分必要条件，是各种经济理论分析立论的前提。从制度经济学的角度分析，产权不清和权属利益关系的不统一是导致外部性的主要制度原因，也是导致生态资源和自然资源过度利用的根本原因。产权是指一定经济主体依法对待某一特定经济客体资产所有、使用、处分并获取相应收益的权利，其中收益权是产权的最本质的权利。产权是市场经济的重要支柱，产权的排他性构成了滥用稀缺资源的"屏障"，产权明晰意味着产权所有者将以此受益或受损，也就是通过产权保护个人对其自身利益的追求。因此，产权是否明晰，是农民是否愿意投资并积极进行管护的关键。

产权制度是一种基础性的经济制度。它不仅独自对经济效率有重要影响，而且又构成了市场制度以及其他许多制度安排的基础。新制度经济学认为产权制度是人类社会最基本的制度安排，而产权制度实际上是为了解决人类社会中对稀缺资源的争夺所确立的博弈规则。产权制度安排是影响林业经营活动中人们经济行为的一个重要工具，它决定着资源的分配效率和利益的分享，对人们造林、护林以及合理利用森林资源的积极性产生着深远的影响。

农田林网经营中最主要的权属利益关系是林地使用权及其与之对应的权属利益，也就是林权，包括林地使用权和林木所有权、处置权、收益权等。《森林法》第三条规定，个人可以拥有林木的所有权和对所承包林地的使用权。依法保护好林权，落实好林权政策，有利于调动和保护农户的积极性。产权明晰了，群众才放心。林权问题是经营政策实施的核心问题。林权关系是农户的经济利益核心所在，稳定、落实林权，要借助政策、制度创新使林权建立在法律保障的基础上，这样才能从根本上激发农户从事林业生产的积极性。然而，在实践中，农户的林权往往是残缺不安全的。虽然自治区现行的《农田林网建设管理条例》中规定了"谁造林，谁经营，谁受益"原则，农户可享有土地承包经营权和在土地上所种植林木的所有权。但农户砍伐其所种植的林木，必须经有关主管部门批准方可砍伐，也就是说，农户对其所拥有的林木的处置权是受政策约束的，不能完全依据市场信息来处置，对林木处置权的残缺使农户承包经营的预期直接收益具有明显的不确定性，从而严重抑制了农户种植林木的积极性。这些使农民感到未来收益很不确定，更直接影响到农民经营的信心。因此，当前迫切需要进行林权制度创新，构建充分的林权安全保障机制体系，具体包括可延续的林地承包权，即农户有权自愿申请继续承包防护林地，以保障林农长期的承包收益可流转的林地使用权，引入可流转的林地产权是引入市场机制的必要条件。在核发林权证、明确林地产权的基础上，应引入林地使用权可转让和可买卖的林地产权流转制度，建立起林地使用权转让市场。有了市场，农民就可按市场需求种植他们想要种植的林种，也可根据实际需要对林地进行有偿转让、转包、租赁或合作经营等，从而提高林资产的流动性并容易盘活投入的现金流、降低投资风险。可交易的林木所有权，农户可以通过林木所有权交易市场进行林木的所有权交易，通过交易平台可以让林木资源变成资产或资本进行运营，以实现林木的增值收益。可自主的林木处置权，农户在法律框架下可以自主处置林木资源，以实现处置收益。可变现的林木收益权，林木资源成熟后，可以自主采伐加以变现，或不采伐以维持其生态效益的发挥，但可以获得政府的生态补偿收益。可保留的受限索偿权，即农户的林木采伐权或处置权受限时，有权向限制方索取补偿。还需要通过进一步优化我国的林权制度和相关政策来加以实现述林权保障机制，其中农户的林木处置权和林木收益权是明显受限的，需要我们特别加以关注。

（3）其他配套保障机制。除了上述机制外，其他配套保障机制还包括经营风险规避机制、林业投资激励机制、生态效益补偿机制、产业扶持激励机制、技术支撑服务机制、政策倾斜机制等。比如可以效仿国外防护林建设经验，建立林地托管机制，对一些不愿继续经营的农户，可将其林地托管给林地托管银行，并定期获得一定的补助或变为其养老保障金（李文刚等，2005）。此外，政府及林管部门应不断健全和优化服务机制体系，促使农户走向自我发展之路。从长远来看，农户的脱贫致富需要找到较好的途径，政府补贴只能是短期的促进政策。从现阶段来看，农户走向致富之路无非在于两条途径：农户或者转移到其他产业，即兼业化，或者依托林业、依靠技术发展林草业特产。这两条路都需要政府的支持，一方面政府应该给农户提供良好的技术、生资等服务；另一方面通过营造良好的政策环境，从而促进农户向林产深加工业、林产服务业转移，促进农户找到自我发展的持续致富之路。

8.3 本章小结

本章提出了一套激励农户参与行为的机制创新体系，并重点选择了几个关键机制加以分析，进一步揭示了通过制度创新以激励农户参与行为机理。

综合本章研究内容，我们不难发现，在农田林网经营过程中，项目的实施仍然是由政府主导来完成的，群众只是以投工投劳为主，群众具有的丰富实践经验没有发挥出来。尽管当前农户参与积极性很高，农户参与面很广，但农户的参与层次普遍不高，多数农户的参与为被动的接受性参与，即信息提供或咨询性的参与，实施中参与式方法运用不充分，农户的参与深度还存在不足。为此，应该加强制度创新，具体包括可持续的农户自我发展机制，包括能力持续提高机制、资源持续利用机制、经济持续发展机制等参与式的项目运行机制，包括参与式规划机制、参与式竞标机制、参与式监测评估机制、参与式管理机制等公平有效的配套保障机制，包括多元补偿激励机制、林权安全保障机制、风险规避机制、林业投资激励机制、生态效益补偿机制、产业扶持激励机制等。上述机制创新设计如能付诸实践，将会进一步激励农户更加充分地参与农田林网经营中，并最终有助于提高整体新疆地区农田林网生态工程的有效性和持续性。

第9章 保障措施

农田防护林的可持续经营的目标是长期能够保证农田防护林生态系统服务，维持农田生态系统健康，改善农田防护林经济产出效益，要实现农田防护林的可持续经营，必须要在宏观上采取统筹的经营措施，转变经营思想、提升价值认知、优化林网模式、深化林权改革，才能确保整个农田防护林网体系持续、稳定地发挥防护其生态、经济与社会效能，实现农田防护林的可持续经营。

9.1 建立强化承包经营权的产权结构

林地突出承包经营权的财产性质、突出林地的生产要素性质，这与国家要求稳定承包经营权、活化使用权的基本要求相一致。具体措施包括以下六点：第一，实施强制性制度变迁，突破林地共有的意识形态刚性；第二，制定林地财产法，将依法承包的林地确认为农户的个人财产；第三，逐步推动家庭承包制向家庭永包制过渡，严格规范农田林网经营模式，减少林地定期调整的社会成本和林地所有权代理人的寻租成本；第四，逐步由集体所有向国家所有转变，实现经济收益"虚拟化"；第五，建立土地保障的替代机制，逐步恢复林地生产要素性质；第六，改革农村行政管理体制，强县撤乡并村。

强化林地承包经营权的产权结构即指对林地使用和不合理制度限制的各

种处置权力进行约束，明确规范所有权主体的经济实现形式，最大化消除所有权主体与农民之间的利益博弈关系，有效防止所有权主体间接剥夺其他权利和攫取超额利润（非制度化利益和制度化利益）行为；同时，将集体经济组织的绝大部分集体林地承包给农户，将林地承包经营权落实到农户自身，赋予农户独立经营农田林网的权利，减少农户承包经营收益由于集体经济组织处于强势地位而造成的侵占，确保农户收益权等权能的完整性。

建立完善的农田防护林营林监督责任制度，把管护责任夯实，确保造林有林、成林。林网建设、更新、改造、抚育、管护等营林过程中，在推行家庭承包经营的基础上，建立多层级、多元化护林机制。第一，实行区域领导负责制，对于县域内农田防护林进行片区划分，部门领导进行区域负责，并将负责区域内的农田防护林发展状况纳入负责人员的绩效考核中去。第二，成立一批专业的农田防护林管护监督队伍，落实其工作报酬，明确监督人员的职责与工作任务，定期对农田防护林的营林状况进行检查评比，制定合理、明确、高效、稳定的奖罚措施，坚决抵制、明令处罚任何形式的毁林行为的发生。第三，加大农田防护林的毁林处罚力度。在农田防护林区建立标识牌，注明对毁林行为的处罚措施与力度，并建立健全的监督机制系统，加大对毁林案件的执法力度。第四，设立毁林举报电话。在林业局及森林公安系统，设立专门的毁林举报电话，充分奖励举报行为，充分发挥全社会的舆论监督作用，坚决抵制任何形式的毁林行为，在全县范围内形成爱林护林的良好氛围。

9.2 加强更新树种的引种和选育，优化林网模式

适宜的林种结构、树种配置、林网布局，不仅能够重构农田防护林的防护机能、生态效能，并且能够改善农田防护林的效益产出结构，增加经济产

出，提高农户收入水平。在农田防护林营建与更新改造的过程中，在保障其基本生态效能的同时，通过对最优树种结构的测算，对现有的林种逐年进行调整，适当增加经济林的比重。目前玛纳斯县农田防护林的树种基本为杨树，关于对树种的调整，在以乡土树种为主的基础上，应按照最优的林种比例进行调整。通过林种比例的调整使农田防护林体系的综合效益达到最佳状态。阔叶树种中的河北杨、毛白杨等，针叶树种中的樟子松、油松等，通过树种调整，逐渐建立起"林—灌—草"的立体复层结构、"树种—林带—林网—景观"的多尺度结构，使农田防护林体系的稳定性得以提高，提高对各种灾害的抵御能力，尤其是对病虫害的抵御能力。树种的多样性可以保证并提高农田防护林体系的稳定性，并且改善防护林的经济产出。

对于农田防护林，在采伐限额的限制及不改变林地用途的条件下，农户可以自由处置，为了弥补经济损失，农户可以在保障农田防护林基本生态功能的基础上，依法合理、高效、科学地对林地进行规划，开发林下经济，发展林业的立体经营，从事林下种植或养殖，也可以利用森林景观开发森林旅游。

近年来，随着国家林业局对林下经济的推广以及典型模式在全国不断地涌现，立体林业成为破解农户收入困局新的支撑点，合理、合法地利用林下农地资源，是对林地高效开发的一种新的方式，立体林业既不占用耕地，也不消耗农田防护林的基础资源，并且国家林业局、自治区林业局都有明确规定，对于防护林的林下经济开发，国家将以补贴等形式对开发户进行资金支持与奖励，目的在于推广林下经济的发展、引导农民大力发展立体林业，既可以维护防护林的基本生态效能，又能促进农民就业增收，林下经济开发成为农户发展林业与实现增收的重要手段与路径，相比单纯的农田防护林经营，林下经济（比如林草、林药、林檎的种植）不仅周期短，而且可供选择的品类众多，并且农户的投资收益周期大幅度缩短。因此，玛纳斯县各级政府，特别是村委（村集体）可以引导农民发展林下种植业、养殖业，开展农田防护林的立体经营,补缺农户成本投入过高、收益过小的"短板",实现长短互补,不仅能够提高林地利用率,并且能够改善农田防护林的产出效率。森林旅游开发又是一条开展林业立体经营的新路径,对于大型国有林区,开展森林旅游有一定的资源优势与便利性,对于农田防护林而言,开展森林旅游相对较为困难,首先要打造区域特色,结合农家乐等服务业,进行优势资源的组合,并且政府可以引导农民充分开发森林文化、游憩等功能,大力发展森林旅游业,让农民不砍树也能致富。

9.3　建立政府为主导的资金支持

面对农田防护林供给的市场失灵,财政政策是政府实施宏观调控的又一手段,财政政策主要是通过经济利益诱导的方式改变经济与社会发展的不良路径,在农田防护林的供求失衡的调节过程中,政府可以建立农田防护林专项基金(如"三北"防护林生态工程),构建完善的财政转移支付制度与运行机制。面对亟待解决的农田防护林发展困境、成本高、收益小的局面,财政转移支付相较于生态补偿机制,明显具有直接性,并且便于实施。因而有必要加大财政专项资金力度、提高财政转移效率。①在中央政府与地方政府层面,设立生态建设专项资金,并且将专项资金纳入地方财政预算。②地方政府与中央政府构建联动政策,形成联动机制,使各级政府的农田防护林专项资金形成联动配合。③根据农田防护林发展局面与改善状况,不断调整财政支出结构,使政府预算能够切实运用到农田防护林的营建与经营的改善活动中。④构建财政专项资金的保障机制,形成财政专项资金的来源相对固定。从而让农田防护林的生态建设与资金支持能够得到长足发展。

玛纳斯县农田防护林的可持续经营难以实现的另一个重要原因是资金投入不足。因而,县政府可以通过建立多渠道的融资来满足农户、林农合作组织或者承包企业生产资金的需求。融资渠道的增加、融资政策的放松，在很大程度上能够解决农户因防护林的经营产生的贷款难的问题。社会资本难以进入农田防护林的生产的主要原因是：农田防护林的投资周期上、经营风险高、产出效益低，风险与收益明显不成比例，因而大多社会资本都转向产出效益较高的产业中去，因而就更加需要政府牵头，给社会资本以适当的贴息或者其他收益分配政策。

对于林业合作组织，融资渠道的增加、融资政策的放松，有利于缓解短期内农田防护林营建、更新、管护、经营等生产资金的稀缺程度。社会资本的进入，有利于改善林农合作组织股利优先的利益分配结构，促进林农合作组织拥有更加合理的利益分配机制。

9.4 政府的角色定位应是立法和制度服务

政府要找准自己在林业合作经济组织发展的不同阶段所处的定位，要清醒地认识到林业合作经济组织的主体是农民，其发展水平、盈利能力受到农民素质、经营管理水平、思想意识、资金积累能力等多方面的制约，与农民利益密切相关。林业合作经济组织诱致性制度变迁的特征导致强势推动林业合作经济组织反而会适得其反。

首先，政府应在法律制度、政策支持等方面发挥协调、服务职能，给林业合作经济组织提供一个宽松的外部发展环境，如通过立法手段提供制度服务和保护林业合作经济组织的权益，既不过度干预林业合作经济组织的运行，也不过度干预市场的运行，通过提供公共物品并实施必要的宏观调控以克服"市场失灵"现象的发生。

其次，政府应以林业合作组织的实际功能为主要目标，避免林业合作组织规模扩大化和保障组织形式正规化。林业大户由于在资金、技术和能力等方面的绝对优势和较强的市场适应能力，因此，林业大户成为林业合作组织成立的主力军，在林农合作组织发展过程中起到至关重要的作用。政府应该鼓励以大户为主体、其他林农为辅助进行多元化合作，如在病虫害防治和销售等方面、经营权与所有权相分离等形式上。

最后，政府应重点开展林业合作组织的试点示范、政策咨询、业务指导、宣传培训等工作。一方面，重点规范现有林业合作组织内部运行机制，建立健全规章制度，完善监督机制建设，尤其是对林业合作组织进行规范化建设，弥补其监督机制的空缺；另一方面，制定林业合作组织发展中长期规划，明确发展阶段和目标，逐步构建完善林业合作组织体系。

9.5 加强林业合作组织发展的人员培训建设

实施管理人员培训的关键是要遵循实践与理论相协调的原则，统一全面指导林业合作组织本质、产生过程、实施原则等基础理论知识以及与企业组织管理、市场经营销售、林业科技推广等与实践相关的内容，结合上述培训实施的具体情况，因地制宜地完善培训内容、方式、流程以满足接受培训人员能够更加易于客观接受和全面了解与林业合作组织高度相关的国家优惠政策、运行法律法规限制，采取的主要措施包括：第一，实施科技下乡、科研成果推广应用等活动，联合高校著名合作社相关专家特别制订针对性、专业化、可接受的技术培训计划，联合具有丰富的实践经验、熟悉实际情况的大学生村官重点讲解优势、劣势、潜力和威胁等，增加林业合作组织外出培训以及与成功地区交流学习，转变科技管理人员的服务意识从而实现高效率的管理流程。第二，充分发挥人力资本在促进林业合作组织发展的重要作用，最大限度地挖掘科研技术人员的技术发展潜力，如病虫害预防和治理、良种壮苗培育、林木资源实时监控与管护等方面的研究等。第三，严格控制质量观念，并把质量控制的思想借助于科技推广人员普及到农田防护林的规划、营建、抚育、管护的各个环节中去。不断提高科技推广人员、基层工作与服务人员、农田防护林承包经营户的操作技能、作业水平、文化水平与营林素质。第四，加强农村居民人力资本的培育。在保障农村九年义务教育的同时，积极开展职业技术教育，加强林业科技与林业政策的宣传与学习，培养基层人员的政策适用技术、操作经验的培训，对政策的了解与熟悉。使基层工作人员、农田防护林承包经营户能够学以致用。培育出适合现代林业发展、现代农业建设、新型经济需求的知识型农民。

林业相关人才缺口逐年扩大，流失率逐年上升，林业管理技术人才的主要途径有内部培育和外部引进两方面，放活林业合作经济组织发展体制机制，具体方式包括与国内高校、国内企业联合培养合作组织专业人才；采取人才交流网站招聘信息的发布、校企合作、重点招募涉林专业化高校、对口支援院校的优秀林业专业人才，改变固有的用人机制，以优惠的政策条件和丰厚的报酬条件鼓励高素质、专业化、干劲大的年轻一代（大学毕业生群体、返乡创业农民）加入到林业合作经济组织的现代化建设中去，为林业合作经济组织的繁荣发展开辟出一条理想的道路。

9.6 运用市场手段创新和完善相关制度

要充分利用市场手段来配置林地资源，改变传统的用行政手段来配置集体林地资源的做法，对采伐许可制度、木材运输许可制度做出相应的调整，精简行政审批事项，下放审批权限。与此同时，还应该创新和完善林业产权制度、组织制度，以确保林业资源合理的利用及价值的实现。在设定制度时，一定要考虑到林地流转的经济价值与生态环境效益。对当前高度集权的政府层级管理进行改进，寻找市场和政府之间的有效配合、发挥自组织的能力。

"确权是基础，流转是关键"。第一，加速推动林业合作经济组织服务功能的转变，逐步将农田林网的社会保障功能由依靠承包地转变为依靠林业合作经济组织上来，即将农田林网承担的农民就业、社会保障等过多社会功能分离出来，重点突出农田林网的生产要素性质，通过资金、劳动力和技术等要素投入汇集来提高农田林网生产率，充分发挥农田林网的经济功能和生态功能。第二，促进农田林网经营主体多样化、市场化经营，形成以农田林网家庭承包经营为主多种经营模式并存的多元化发展格局，引导社会资金投入到农田林网生产经营中。第三，发展大户承包经营、股份合作林场等多种形式的农田林网流转机制，通过规范农田林网林地、林木等要素流转，为农田林网生产走上集约化经营的现代林业提供制度条件。

9.7　完善林权流转制度、构建地方生态补偿机制

要逐步完善农田林网资源评估、抵押、转让等方面的制度，培植林业生产要素产权交易市场，规范和促进林木、林地使用权的流转。农田林网难以实现规模经营在很大程度上受限与林权流转制度及平台建设不完善有关。因而，当前需要进一步加快林木和林地使用权流转制度建设，提高防护林确权程度，建立健全产权交易平台，加强流转管理，依法规范流转，保障公平交易，可以与银行协调建立林权抵押贷款管理办法。加强农田林网的资源资产评估管理，加快建立农田林网资源资产评估师制度和评估制度，规范评估行为，维护流转各方合法权益。同时，要加快林业合作组织发展，加强农田林网社会化服务扩大，为农户提供法律、政策和技术支持，提高森林经营水平，鼓励和引导规模化经营。进一步建立和完善相关的法律法规，保障农户的利益，维护农民的合法权益，做到任何政策都是有章有法可循。政策和体制需要法律来保障。

农田林网目前未纳入地方公益林系统，因而其防护林经营不享受地方公益林及国家公益林生态补贴。与商品林相比，农户利益流失大，也从侧面反映出农户所拥有的林权的不完整性，因而应把生态公益林发展与农田林网的经营结合起来。农田林网的生态效能具有典型的公共物品特征，因而其生态效能的产出与消费具有明显的非竞争性与非排他性，故而导致农田林网的经营成本相对较高，在单纯的市场经济调节下，农田林网的供需平衡已明显发生失衡，因而，对于公共物品的配置造成的市场失灵，就必须依赖政府的干预，其中重要的一条路径便是国家对农田林网进行生态补偿性补助。第一，将地方集体农田林网纳入地方公益林或者国家公益林，使其享受同等条件下的生态补偿政策。第二，对于无法或者还未纳入公益林的农田林网，国家应设立农田林网生态补偿机制，进一步深化林权改革，改善农田林网当前市场失灵的局面，实现农田林网资源的有效配置。

参考文献

［1］朱教君，姜凤岐，曾德慧．防护林阶段定向经营研究Ⅱ．典型防护林种——农田防护林［J］．应用生态学报，2002（10）：1273－1277．

［2］朱金兆，魏天兴，张学培．基于水分平衡的黄土区小流域防护林体系高效空间配置［J］．北京林业大学学报，2002（Z1）：5－13．

［3］王盛萍，张志强，张化永，孙阁．黄土高原防护林建设的恢复生态学与生态水文学基础［J］．生态学报，2010，30（09）：2475－2483．

［4］邓荣鑫，王文娟，李颖，张树文．农田防护林对作物长势的影响分析［J］．农业工程学报，2013，29（S1）：65－72．

［5］刘于鹤，林进．新形势下森林经营工作的思考［J］．林业经济，2013，36（11）：3－9．

［6］丁应祥，江生荣．复层农田林网空间结构的景观生态学分析［J］．南京林业大学学报（自然科学版），1993，17（02）：7－12．

［7］范志平，曾德慧，姜凤岐等．农田防护林可持续集约经营模型的应用［J］．应用生态学报，2001（06）：811－814．

［8］关文彬，李春平，范秀珍，赵廷宁，陈建刚，孙保平．京郊北藏乡防护林景观生态评价［J］．北京林业大学学报，2004（02）：25－30．

［9］郝玉光，包耀贤，刘明虎，张景波．干旱沙区农田防护林营建模式与经营评价研究［J］．干旱区资源与环境，2005（05）：199－203．

［10］吴祥云，孙晓辉，李玉航，刘广．风沙区农田防护林构建多样性及景观效益分析［J］．东北林业大学学报，2005（02）：10－11．

［11］宋翔，庞国锦，颜长珍．干旱区绿洲农田防护林增产效益研究——以民勤绿洲为例［J］．干旱区资源与环境，2011（07）：178－182.

［12］孙保平，岳德鹏，赵廷宁，程堂仁．北京市大兴县北藏乡农田林网景观结构的度量与评价［J］．北京林业大学学报，1997（01）：46－51.

［13］Hanson J C，Hewitt T I，Smith K R，et al. The Use of United States'Farm Commodity Programs in Sustainable Production Systems：An Economic Case Study［R］. Working Papers，1995.

［14］曹新孙，姜凤岐，雷启迪．自由林网对农田地形的影响［J］．生态学报，1981（02）：112－116.

［15］曹新孙，南寅镐，朱廷曜，许光辉，卢启琼．内蒙古大青沟残遗森林植物群落与西辽河流域造林问题的初步探讨［J］．植物生态学与地植物学丛刊，1982（03）：185－206.

［16］饶良懿，朱金兆．防护林空间配置研究进展［J］．中国水土保持科学，2005（02）：102－106.

［17］杨光，丁国栋，赵廷宁，孙保平，赫登耀．黄土丘陵沟壑区退耕还林的水土保持效益研究——以陕西省吴旗县为例［J］．内蒙古农业大学学报（自然科学版），2005（02）：20－23.

［18］Chhabra A，Dadhwal V K. Assessment of Major Pools and Fluxes of Carbon in Indian Forests［J］. Climatic Change，2004，64（03）：341－360.

［19］Hiroshima T，Nakajima T. Estimation of Sequestered Carbon in Article－3.4 Private Planted Forests in the First Commitment Period in Japan［J］. Journal of Forest Research，2006，11（06）：427－437.

［20］Brandle J R，Hodges L，Zhou X H. Windbreaks in North American Agricultural Systems［M］. Berlin：Springer，Dordrecht，2004.

［21］W. 波斯哈特，曹新孙．欧洲森林的衰亡［J］．生态学杂志，1985（05）：46－50.

［22］王葆芳，赵英铭，江泽平，等. 干旱区人工绿洲不同农田防护林模式防护效应及相关性［J］. 林业科学研究，2008（05）：707－712.

［23］万猛，潘存德，李晶晶. 克拉玛依农业综合开发区农田林网景观结构的度量与评价［J］. 河南农业大学学报，2010，44（04）：395－398.

［24］Swihart R K, Yahner R H. Browse Preferences of Jackrabbits and Cottontails for Species Used in Shelterbelt Plantings［J］. Journal of Forestry－Washington，1983（02）：92－94.

［25］Pimentel D, Berger B, Filiberto D, et al. Water Resources：Agricultural and Environmental Issues［J］. BioScience，2004，54（10）：909－918.

［26］范志平，曾德慧，朱教君，姜凤岐，唐青松，牛继祥. 基于林网体系尺度上的农田防护林持续经营模型 I——模型的构建［J］. 生态学杂志，2003（05）：82－87.

［27］Mize C. Charcoal Igniter with Dual－action Locking Grate：US，US8590525 B2［P］. 2013.

［28］Viglia S, Nienartowicz A, Kunz M, et al. Integrating Environmental Accounting，Life Cycle and Ecosystem Services Assessment［J］. Journal of Environmental Accounting & Management，2013（02）：182－187.

［29］丁应祥，江生荣，栾以玲，胡永清，蔡枫. 复层农田林网空间结构的景观生态学分析［J］. 南京林业大学学报（自然科学版），1993（02）：7－12.

［30］Wang H, Takle E S, Shen J. Shelterbelts and Windbreaks：Mathematical Modeling and Computer Simulations of Turbulent Flows［J］. Annual Review of Fluid Mechanics，2001，33（01）：549－586.

［31］单宏年. 黄河三角洲地区农林复合经营模式构建技术及效益分析［J］. 东北林业大学学报，2008（06）：102－103.

［32］杜鹤强，韩致文，颜长珍，邓晓红，宋翔，廖杰. 西北防护林防风效应研究［J］. 水土保持通报，2010，30（01）：117－120.

[33] Liu W, Spaargaren G, Mol A P J, et al. Low Carbon Rural Housing Provision in China: Participation and Decision Making [J]. Journal of Rural Studies, 2014 (35): 80 – 90.

[34] Kort J. Benefits of Windbreaks to Field and Forage Drops [J]. Agriculture, Ecosystems & Environment, 1988 (07): 165 – 190.

[35] 李孝良. 安徽省沿淮地区农林复合经营模式的研究 [J]. 安徽农学通报, 2010, 16 (11): 219 – 220.

[36] Gregory N G. The Role of Shelterbelts in Protecting Livestock: A Review [J]. New Zealand Journal of Agricultural Research, 1995, 38 (04): 423 – 450.

[37] 王世忠, 郭浩, 李树民, 陈国山, 谭学仁, 胡万良, 高大鹏. 辽西地区几种农林复合型水土保持林模式的研究 [J]. 林业科学, 2003 (03): 163 – 168.

[38] 朱金兆, 吴斌, 侯小龙. 昕水河流域生态经济型防护林体系分布及其主要功能 [J]. 北京林业大学学报, 1996, 18 (S2): 120 – 124.

[39] 张锦春, 汪杰, 李爱德, 俄有浩. 民勤沙区生态经济型持续林业建设及开发利用 [J]. 防护林科技, 2000 (04): 36 – 39.

[40] 张钢. 印度新的森林管理形式——参与性森林管理 [J]. 林业科技通讯, 1996 (12): 26 – 27.

[41] 张嘉宾. 关于估价森林多种功能系统的基本原理和技术方法的探讨 [J]. 南京林业大学学报 (自然科学版), 1982 (03): 5 – 18.

[42] 邓宏海. 森林生态效能经济评价的理论和方法 [J]. 林业科学, 1985 (01): 61 – 67.

[43] 陈太山, 任恒祺, 张同荣. 防护林经济效果指标体系和计算方法的探讨 [J]. 北京林学院学报, 1984 (02): 36 – 48.

[44] 薛达元, 包浩生, 李文华. 长白山自然保护区森林生态系统间接经济价值评估 [J]. 中国环境科学, 1999 (03): 247 – 252.

[45] 蒋延玲, 周广胜. 中国主要森林生态系统公益的评估 [J]. 植物生态学报, 1999 (05): 426 - 432.

[46] 周庆生. 生态经济型防护林体系效益评价原则和指标体系 [J]. 林业经济, 1993 (06): 54 - 57.

[47] 王国申, 吴斌, 朱金兆, 李建军. 防护林体系生态效益评价指标体系及其应用 [J]. 北京林业大学学报, 1996, 18 (S2): 125 - 128.

[48] 杨斌张, 杨国州, 张延东. 运用层次分析法优选临夏北塬农田防护林树种 [J]. 林业科学, 2006 (06): 49 - 55.

[49] 林德荣, 支玲, 高德华, 蔡秀芝, 张仲生. 基于层次分析法的迁西县 "三北" 防护林工程社会影响评价 [J]. 北京林业大学学报 (社会科学版), 2008 (01): 42 - 46.

[50] 张彩霞, 王训明, 满多清, 等. 层次分析法在民勤绿洲农田防护林生态效益评价中的应用 [J]. 中国沙漠, 2010 (03): 602 - 607.

[51] 全宏东. 模糊数学在效益 "三统一" 中的应用 [J]. 中国环境管理, 1986 (04): 34 - 35.

[52] 王礼先, 张志强. 森林植被变化的水文生态效应研究进展 [J]. 世界林业研究, 1998 (06): 15 - 24.

[53] 张启昌, 向开馥, 王毅昌. 内蒙古东部黄土低山丘陵水蚀规律的研究 [J]. 吉林林学院学报, 1991 (03): 27 - 34.

[54] 曹新孙. 农田防护林学 [M]. 北京: 中国林业出版社, 1983.

[55] 朱教君, 姜凤岐, 曾其蕴. 杨树林带木材纤维长度变化规律及其在经营中的应用 [J]. 林业科学, 1994 (01): 50 - 56.

[56] Haverbeke D V, Roselle R E, Sexson G D. Western Pine Tip Moth Reduced in Ponderosa Pine Shelterbelts by Systemic Insecticides [J]. Us Forest Serv Res Note Rm, 1971 (02): 136 - 148.

［57］徐燕千，龙文彬．珠江三角洲农田防护林主要造林树种的适生特性与树种选择研究［J］．林业科学，1983（03）：225 - 234.

［58］张水松，叶功富，徐俊森，林武星，黄荣钦，陈胜，潘惠忠，谭芳林．滨海沙土立地条件与木麻黄生长关系的研究［J］．防护林科技，2000（S1）：1 - 5 + 14.

［59］徐红梅，胡兴宜，宋菲，余四胜，段满意．鄂州市环东梁子湖森林植物群落多样性研究［J］．湖北林业科技，2011（03）：1 - 7 + 21.

［60］张志民，胡海波，鲁小珍，黄丹，刘韶．蚌埠市农田防护林体系构建技术［J］．林业科技开发，2010，24（04）：123 - 125.

［61］林万春．农田防护林带的树种选择和混交类型分析［J］．农业与技术，2013，33（04）：82.

［62］唐巍．赤峰市翁牛特旗农田防护林综合效益的经济评估［D］．北京：北京林业大学，2012.

［63］王丹．黑龙江省西部农田防护林生长及更新研究［D］．哈尔滨：东北林业大学，2014.

［64］Mohammed I I. Socio - economic Aspects of Rainfed Plantations of Hashab in Blue Nile［J］. Sudan University of Science & Technology，2006（02）：125 - 134.

［65］王美，翟印礼．基于外部性特征的农田防护林生态补偿研究［J］．生态经济，2013（05）：52 - 55.

［66］潘文利，于雷．辽河三角洲盐碱地防护林体系建设技术研究［J］．应用生态学报，1998（03）：8 - 13.

［67］孙枫，李生宝，蒋齐．宁夏盐池沙区生态经济型防护林体系林种树种优化比例研究［J］．林业科学研究，2003（04）：459 - 464.

［68］魏天兴，余新晓，朱金兆，吴斌．黄土区防护林主要造林树种水分供需关系研究［J］．应用生态学报，2001（02）：185 - 189.

［69］亢新刚．森林经理学［M］．北京：中国林业出版社，2011.

［70］曾伟生，于政中，宋铁英．一种估计林分生长矩阵模型的新方法［J］．北京林业大学学报，1991（01）：104-109.

［71］赵雨森，张彦东，崔诗良．大兴安岭林区火烧迹地上兴安落叶松天然苗的移植造林试验［J］．东北林业大学学报，1989（04）：93-96.

［72］陈建军，张树文，郑冬梅．景观格局定量分析中的不确定性［J］．干旱区研究，2005（01）：63-67.

［73］王丹．黑龙江省西部农田防护林生长及更新研究［D］．哈尔滨：东北林业大学，2014.

［74］秦洪清．云南林业可持续发展的基础分析和实施措施的探讨［J］．云南林业调查规划设计，1997（03）：42-45.

［75］孙玉军．明溪县区域可持续发展能力的初步测定［J］．北京林业大学学报，1995，17（S3）：45-59.

［76］季永华，张纪林，康立新，孙金林，马军华．苏北沿海地区不同模式农田林网胁地效应的研究［J］．江苏林业科技，1994（02）：5-9+15.

［77］于柱英．武威灌区防护林体系可持续经营的系统分析［J］．防护林科技，2006（02）：39-41.

［78］刘桐安．德惠市农田防护林可持续经营问题探究［J］．林业实用技术，2009（08）：21-22.

［79］郝玉光，包耀贤，刘明虎，张景波．干旱沙区农田防护林营建模式与经营评价研究［J］．干旱区资源与环境，2005（05）：199-203.

［80］曾德慧，姜凤岐，范志平．农田防护林的可持续经营管理［J］．应用生态学报，2002（06）：747-749.

［81］张秋玲，刘维忠．新疆集体林权制度改革的研究［J］．中国林业经济，2010（03）：12-14+22.

［82］姚顺波．产权残缺的非公有制林业［J］．农业经济问题，2003（06）：29－33＋80.

［83］戴广翠，徐晋涛，王月华，谢晨，王郁．中国集体林产权现状及安全性研究［J］．林业经济，2002（11）：30－33.

［84］柯水发，温亚利．森林资源环境产权补偿机制构想［J］．北京林业大学学报（社会科学版），2004（03）：37－40.

［85］杨沛英，刘传磊．陕北退耕还林后农村产业演进及后续发展对策研究——以吴起县为例［J］．中国延安干部学院学报，2009（03）：90－95.

［86］张英，宋维明．林权制度改革对集体林区森林资源的影响研究［J］．农业技术经济，2012（04）：96－104.

［87］陈帅，葛大东．就业风险对中国农村劳动力非农劳动供给的影响［J］．中国农村经济，2014（06）：5.

［88］孔凡斌，杜丽．新时期集体林权制度改革政策进程与综合绩效评价——基于福建、江西、浙江和辽宁四省的改革实践［J］．农业技术经济，2009（06）：96－105.

［89］蒋宏飞，姜雪梅．集体林区农户收入不平等状况分析——基于辽宁省林改农户调查数据［J］．林业经济，2012（03）：17－22.

［90］Juan Chen，John L. Innes，The Implications of New Forest Tenure Reforms and Forestry Property Markets for Sustainable Forest Management and Forest Certification in China［J］．Journal of Environmental Management，2013（129）：206－215.

［91］黄竹梅，徐晋涛．分林到户与农户间消费不平等——来自集体林区的证据［J］．林业经济，2015，37（02）：33－41.

［92］骆耀峰，刘金龙，张大红．基于异质性的集体林权改革林农获益差别化研究［J］．西北农林科技大学学报（社会科学版），2013，13（05）：109－115＋122.

[93] 缪光平，高岚. 天然林资源保护政策问题分析及建议［J］. 绿色中国，2005（05）：32-36.

[94] 陈杰，刘伟平. 福建省集体林权制度改革后农村公共财政投入研究［J］. 林业经济问题，2013，33（04）：361-365.

[95] 陈幸良. 中国林业产权制度的特点、问题和改革对策［J］. 世界林业研究，2003（06）：27-31.

[96] 程云行. 论集体林区林地产权制度变迁的路径［J］. 世界林业研究，2005（04）：75-79.

[97] 徐晋涛，孙妍，姜雪梅，李劼. 我国集体林区林权制度改革模式和绩效分析［J］. 林业经济，2008（09）：27-38.

[98] 孙妍，徐晋涛，李凌. 林权制度改革对林地经营模式影响分析——江西省林权改革调查报告［J］. 林业经济，2006（08）：7-11.

[99] 张海鹏，徐晋涛. 集体林权制度改革的动因性质与效果评价［J］. 林业科学，2009，45（07）：119-126.

[100] Gyau, A, M. Chiatoh, S. Franzel, E. Asaah, J. Donovan. Determinants of Farmers' Tree Planting Behaviour in the Northwest Region of Cameroon: The Case of Prunus Africana ［J］. International Forestry Review，2012，14（03）：265-274.

[101] 徐燕，沈月琴，黄坚钦，林建华. 农户对山核桃生态化经营模式的意愿分析［J］. 浙江林学院学报，2010，27（05）：750-756.

[102] 田杰，姚顺波. 退耕还林背景下农业生产技术效率研究——基于陕西省志丹县退耕农户的随机前沿分析［J］. 统计与信息论坛，2013，28（09）：107-112.

[103] 薛彩霞，姚顺波，于金娜. 基于结构方程模型的农户经营非木质林产品行为的影响因素分析——以四川省雅安市农户为例［J］. 林业科学，2013，49（12）：136-146.

［104］Ndayambaje J D, Heijman W J M, Mohren G M J. Household Deter-minants of Tree Planting on Farms in Rural Rwanda ［J］. Small – scale Forestry, 2012, 11（04）: 477 –508.

［105］孔凡斌, 廖文梅, 郑云青. 集体林权流转理论和政策研究述评与展望［J］. 农业经济问题, 2011（11）: 100 –105.

［106］钱龙, 洪名勇. 非农就业、土地流转与农业生产效率变化——基于 CFPS 的实证分析［J］. 中国农村经济, 2016（12）: 2 –16.

［107］李朝柱, 徐秀英, 崔雨晴. 农户林地流转影响因素研究——基于浙江省龙游县 173 户农户调查［J］. 林业经济, 2011（09）: 30 –33.

［108］王洪玉, 翟印礼. 产权制度安排对农户造林投入行为的影响——以辽宁省为例［J］. 农业技术经济, 2009（02）: 62 –68.

［109］孔凡斌, 廖文梅. 集体林分权条件下的林地细碎化程度及与农户林地投入产出的关系——基于江西省 8 县 602 户农户调查数据的分析［J］. 林业科学, 2012, 48（04）: 119 –126.

［110］苏芳, 尚海洋, 聂华林. 农户参与生态补偿行为意愿影响因素分析［J］. 中国人口·资源与环境, 2011, 21（04）: 119 –125.

［111］吉登艳, 马贤磊, 石晓平. 林地产权对农户林地投资行为的影响研究: 基于产权完整性与安全性——以江西省遂川县与丰城市为例［J］. 农业经济问题, 2015, 36（03）: 54 –61 +111.

［112］刘强. 浅析林业技术推广在生态林业建设中的应用［J］. 南方农业, 2019, 13（29）: 45 –46.

［113］刘璨. 我国南方集体林区主要林业制度安排及绩效分析［J］. 管理世界, 2005（09）: 79 –87.

［114］孔凡斌. 主成分分析法的中国林业市场化水平评价——基于中国 15 省（区）2002 ~2006 年相关统计数据［J］. 中国农村经济, 2010（10）: 43 –56.

[115] 杨强，王涛，陈海. 相邻关系、血缘关系和社会经济条件对农户土地利用决策的影响——来自地块尺度的检验 [J]. 资源科学，2013，35 (05)：935 – 942.

[116] Chhetri B B K, Johnsen F H, Konoshima M, et al. Community Forestry in the Hills of Nepal: Determinants of User Participation in Forest Management [J]. Forest Policy and Economics, 2013 (30): 6 – 13.

[117] 孙红召，郑谊，袁爱荣. 河南省林业合作经济组织发展研究 [J]. 河南林业科技，2006 (04)：29 – 30.

[118] 张田华. 林业合作经济组织发展的选择 [J]. 湖南林业，2009 (11)：7.

[119] 沈月琴，徐秀英，吴伟光，赵夏威，汪于平. 浙江省林业专业合作经济组织发展对策研究 [J]. 浙江林业科技，2005 (02)：79 – 84.

[120] 何安华，郑力文，毛飞，孔祥智. 集体林权制度改革对林区农村基本经营制度稳定的影响研究 [J]. 南京农业大学学报（社会科学版），2011，11 (04)：22 – 30.

[121] 孔祥智，何安华，史冰清，池成春. 关于集体林权制度改革和林业合作经济组织建设——基于三明市、南平市、丽水市的调研 [J]. 林业经济，2009 (05)：17 – 23.

[122] 黄祖辉，王朋. 农村土地流转：现状、问题及对策——兼论土地流转对现代农业发展的影响 [J]. 浙江大学学报（人文社会科学版），2008 (02)：38 – 47.

[123] 刘燕，李智勇. 关于中国南方竹产区微观经济组织变革研究 [J]. 林业经济问题，2006 (03)：229 – 233 + 256.

[124] 王亚. 林权融资探索——"公司 + 基地 + 农户"模式浅析 [J]. 中国集体经济，2012 (21)：138 – 139 + 151.

［125］项朝阳，李崇光．收购商主导的蔬菜供应链模式利益分配格局——基于两条典型蔬菜供应链的调研［J］．中国流通经济，2015，29（08）：9-15.

［126］王亚飞，唐爽．我国农业产业化进程中龙头企业与农户的博弈分析与改进——兼论不同组织模式的制度特性［J］．农业经济问题，2013，34（11）：50-57+111.

［127］沈国舫．生态环境建设与水资源的保护和利用［J］．中国水土保持，2001（01）：7-11+48.

［128］马姜明，占婷婷，莫祖英，梁士楚．漓江流域岩溶区檵木群落不同恢复阶段主要共有种生态位变化［J］．西北植物学报，2012，32（12）：2530-2536.

［129］易咏梅，艾训儒，彭诚，侯琴，杨乐．四照花群落结构及多样性研究［J］．湖北民族学院学报（自然科学版），2010，28（02）：204-207+229.

［130］郑世群，刘金福，黄志森，郑新娟，洪伟，徐道炜，吴则焰，何中声．戴云山罗浮栲林主要乔木树种营养生态位研究［J］．热带亚热带植物学报，2012，20（02）：177-183.

［131］潘磊，史玉虎，熊艳平，王佐庆，向祖德，马德举．秭归县退耕还林水源涵养效益计量［J］．湖北林业科技，2006（03）：1-4.

［132］张朝辉，刘文佳，耿玉德．丝绸之路经济带框架下新疆现代林业生态体系布局研究［J］．林业经济，2016，38（05）：18-23.

［133］张纪林，康立新，季永华．沿海林网10种模式的区域性防风效果评价［J］．南京大学学报（自然科学版），1997（01）：155-159.

［134］黄婷婷．木麻黄防护林持续经营刍议［J］．林业勘察设计，2001（02）：99-101.

［135］吴笋，刘金福，李俊清，洪伟，吕佳，陈瑞贞．福建沿海红树林可持续经营评价指标体系构建［J］．江西农业大学学报，2007（05）：778-783.

[136] 崔书丹, 王国胜. 九台市林业局防护林资源现状及可持续经营对策 [J]. 吉林林业科技, 2012, 41 (05): 27-30+34.

[137] 任红燕, 史清华. 山西农户家庭粮食收支平衡的实证分析 [J]. 农业技术经济, 1999 (05): 12-15.

[138] 杨国荣. 以人观之、以道观之与以类观之——以先秦为中心看中国文化的认知取向 [J]. 中国社会科学, 2014 (03): 64-79+205-206.

[139] 于英, 谢晨, 关景芬. 天保工程和退耕还林工程并进中的社会经济影响评价——陕西省镇安县案例研究 [J]. 林业经济, 2002 (08): 44-46.

[140] 王官诚. 个体消费决策的非理性经济行为探析 [J]. 商业时代, 2008 (28): 25-27.

[141] 彭聃龄. 汉语认知加工及其脑机制 [D]. 北京: 北京师范大学, 2003.

[142] Dwayne A. Baker, John L. Crompton, Quality, Satisfaction and Behavioral Intentions [J]. Annals of Tourism Research, 2000, 27 (03): 785-804.

[143] 车文博, 黄冬梅. 美国人本主义心理学哲学基础解析 [J]. 自然辩证法研究, 2001 (02): 1-5+18.

[144] Edwards, W. Behavioral Decision Theory [J]. Annual Review of Psychology, 1961, 12 (01): 473-498.

[145] Barzel, Yoram. Economic Analysis of Property Rights [M]. Cambridge: Cambridge University Press, 1997.

[146] 卢现祥, 朱巧玲. 论市场上层组织及其构建的法治化社会基础 [J]. 制度经济学研究, 2007 (03): 72-85.

[147] 陶国良. 山东省集体林权制度改革效果、问题及对策 [D]. 泰安: 山东农业大学, 2011.

[148] 魏杰. 产权制度的设置必须注重人力资本 [J]. 经济纵横, 2000 (02): 15-16.

［149］卢现祥．投资、机制和体制：创新的核心命题［N］．中国社会科学报，2012－09－10（A06）．

［150］Beckerman W. Sustainable Development：Is It a Useful Concept？［J］．Environmental Values，1994（03）：191－209.

［151］沈月琴，刘俊昌，李兰英，郑振华．生态资源经济化：中国天然林保护策略的选择［J］．浙江林学院学报，2004（03）：71－76.

［152］宋翔，庞国锦，颜长珍．干旱区绿洲农田防护林增产效益研究——以民勤绿洲为例［J］．干旱区资源与环境，2011（07）：178－182.

［153］刘钰华，文华，狄心志，陈建学，周振民，阿不都·依米提．新疆和田地区农田防护林效益的研究［J］．防护林科技，1994（04）：9－13.

［154］韩永伟，拓学森，高吉喜，刘成程，高馨婷．黑河下游重要生态功能区植被防风固沙功能及其价值初步评估［J］．自然资源学报，2011，26（01）：58－65.

［155］郭雨华．中国西北地区退耕还林工程效益监测与评价［D］．北京：北京林业大学，2009.

［156］党普兴．新疆生产建设兵团森林生态系统服务功能价值评估［J］．西北林学院学报，2013，28（05）：47－57.

［157］胡海波，张金池，鲁小珍．我国沿海防护林体系环境效应的研究［J］．世界林业研究，2001（05）：37－43.

［158］张毓涛，郭树芳，张新平，师庆东，赵福生，常顺利，彭佳宾．克拉玛依人工林生物量与土壤理化性质［J］．干旱区研究，2015，32（02）：402－409.

［159］王效科，欧阳志云，肖寒，苗鸿，傅伯杰．中国水土流失敏感性分布规律及其区划研究［J］．生态学报，2001（01）：14－19.

［160］李青．基于STM32的智能水质监测系统的研究和设计［D］．合肥：合肥工业大学，2015.

［161］方精云，刘国华，徐嵩龄．我国森林植被的生物量和净生产量［J］．生态学报，1996（05）：497－508.

［162］韦惠兰，祁应军．森林生态系统服务功能价值评估与分析［J］．北京林业大学学报，2016，38（02）：74－82.

［163］李荔．南疆沙区防风固沙林结构与效益研究［D］．塔里木：塔里木大学，2016.

［164］孙浩，刘丽娟，李小玉，张振宇．干旱区绿洲防护林网格局对农田蒸散量的影响——以新疆三工河流域绿洲为例［J］．生态学杂志，2018，37（08）：2436－2444.

［165］朱玉伟，桑巴叶，陈启民，刘康，武卫疆，褚奋飞．和田绿洲农田林网杨树更新年龄的研究［J］．新疆农业科学，2012，49（09）：1650－1656.

［166］张红丽，程鹏飞，李婕．干旱区农户农田防护林承包意愿及其影响因素分析——基于新疆8县（乡）529个农户的调研数据［J］．华东经济管理，2018，32（04）：71－77.

［167］T A，Kotchen，J M，et al. Genetic Determinants of Hypertension：Identification of Candidate Phenotypes［J］．Hypertension，2000（02）：165－185.

［168］刘雪芬，杨志海，王雅鹏．畜禽养殖户生态认知及行为决策研究——基于山东、安徽等6省养殖户的实地调研［J］．中国人口·资源与环境，2013，23（10）：169－176.

［169］刘康，陈一鹗．农田防护林效益及其对农作物产量的影响［J］．水土保持通报，1993（05）：39－43.

［170］黄鹏进．农民经济行为的文化逻辑：兼读《农民的道义经济学：东南亚的反叛与生存》的思考［J］．中国农村观察，2006（01）：62－65＋79.

［171］Ajzen I，Fishbein M．A Bayesian Analysis of Attribution Processes［J］．Psychological Bulletin，1975，82（02）：261－277.

［172］Triandis H C. Values, Attitudes, and Interpersonal Behavior ［J］. Nebraska Symposium on Motivation. Nebraska Symposium on Motivation, 1980 (27): 195 – 259.

［173］Loewenstein G F, Weber E U, Hsee C K, et al. Risk as Feelings ［J］. Psychological Bulletin, 2001, 127 (2): 267.

［174］Rhodes R E, Courneya K S. Threshold Assessment of Attitude, Subjective Norm, and Perceived Behavioral Control for Predicting Exercise Intention and Behavior ［J］. Psychology of Sport & Exercise, 2005, 6 (03): 349 – 361.

［175］Mindick B, Oskamp S, Berger D E. Prediction of Success or Failure in Birth Planning: An Approach to Prevention of Individual and Family Stress ［J］. American Journal of Community Psychology, 1977, 5 (04): 447 – 459.

［176］Webb T L, Sheeran P. Does Changing Behavioral Intentions Engender Behavior Change? A Meta – Analysis of the Experimental Evidence ［J］. Psychological Bulletin, 2006, 132 (02): 249 – 268.

［177］Rhodes R E, Dickau L. Experimental Evidence for the Intention – behavior Relationship in the Physical Activity Domain: A Meta – analysis ［J］. Health Psychology, 2012, 31 (06): 724 – 727.

［178］Ajzen I. Behavioral Interventions: Design and Evaluation Guided by the Theory of Planned behavior ［M］. New York: Guilford, 2011.

［179］Litt D M, Lewis M A. Examining the Role of Abstainer Prototype Favorability as a Mediator of the Abstainer – Norms – Drinking – Behavior Relationship ［J］. Psychology of Addictive Behaviors Journal of the Society of Psychologists in Addictive Behaviors, 2014, 29 (02): 467 – 472.

［180］李青, 薛珍. 塔里木河流域居民生态认知与支付行为空间异质性研究——基于上中下游 2133 个居民调查数据 ［J］. 干旱区资源与环境, 2018, 32 (01): 14 – 21.

[181] 班杜拉. 思想和行动的社会基础: 社会认知论 [M]. 林颖, 译. 上海: 华东师范大学出版社, 2001.

[182] 罗必良, 何应龙, 汪沙, 等. 土地承包经营权: 农户退出意愿及其影响因素分析——基于广东省的农户问卷 [J]. 中国农村经济, 2012, (06): 4-19.

[183] Williams - Guillén K, Perfecto I, Vandermeer J. Bats Limit Insects in a Tropical Agroforestry System [J]. Science, 2008 (320): 70.

[184] 耿士威, 罗剑朝. 基于 Logit - ISM 模型的农户参与产业链融资意愿影响因素实证分析 [J]. 武汉金融, 2018 (08): 69-74.

[185] 楼迎军, 荣先恒. 基于 ISM - Fuzzy AHP 的我国中小企业核心竞争力要素分析 [J]. 科研管理, 2007 (01): 97-103.

[186] 刘玫. 基于解释结构模型法的绿色供应链影响因素分析 [J]. 科技管理研究, 2011, 31 (12): 192-194+187.

[187] 贾晓霞, 苏毅, 张瑶. 基于 ISM 的临港产业集群风险系统分析 [J]. 工业技术经济, 2011, 30 (09): 27-34.

[188] 孙世民, 张媛媛, 张健如. 基于 Logit - ISM 模型的养猪场 (户) 良好质量安全行为实施意愿影响因素的实证分析 [J]. 中国农村经济, 2012 (10): 24-36.

[189] 李楠楠, 李同昇, 于正松, 芮旸, 苗园园, 李永胜. 基于 Logistic - ISM 模型的农户采用新技术影响因素——以甘肃省定西市马铃薯种植技术为例 [J]. 地理科学进展, 2014, 33 (04): 542-551.

[190] 乔金杰, 穆月英, 赵旭强, 郑继兴, 齐秀辉. 政府补贴对低碳农业技术采用的干预效应——基于山西和河北省农户调研数据 [J]. 干旱区资源与环境, 2016, 30 (04): 46-50.

[191] 石智雷, 谭宇, 吴海涛. 返乡农民工创业行为与创业意愿分析 [J]. 中国农村观察, 2010 (05): 25-37+47.

［192］钟晓兰，李江涛，冯艳芬，李景刚，刘吼海．农户认知视角下广东省农村土地流转意愿与流转行为研究［J］．资源科学，2013，35（10）：2082 - 2093.

［193］宋洪远．上半年我国农村发展和改革实态分析［J］．中国农村经济，1994（09）：10 - 15.

［194］Beedell J, Rehman T. Explaining Farmers'Conservation Behaviour: Why Do Farmers Behave the Way They Do?［J］. Journal of Environmental Management, 1999, 57（03）: 165 - 176.

［195］Sheeran P, Webb T L, Gollwitzer P M. The Interplay between Goal Intentions and Implementation Intentions［J］. Personality and Social Psychology Bulletin, 2005, 31（01）: 87 - 98.

［196］肖璐，蒋芮．农民工城市落户"意愿—行为"转化路径及其机理研究［J］．人口与经济，2018（06）：89 - 100.

［197］徐国伟．低碳消费行为研究综述［J］．北京师范大学学报（社会科学版），2010（05）：135 - 140.

［198］段文婷，江光荣．计划行为理论述评［J］．心理科学进展，2008（02）：315 - 320.

［199］Caildini R. Activating and Aligning Two Kinds of Norms in Persuasive Communication［J］. Journal of Interpretation Research, 1996, 1（01）: 3 - 10.

［200］Eisenberger R, F Masterson, Adornetto M. Appetitive Effort Training Increases Self - control Involving Stress［J］. Blackwell Publishing Ltd, 1986, 24（25）: 321.

［201］凌文辁，杨海军，方俐洛．企业员工的组织支持感［J］．心理学报，2006（02）：281 - 287.

［202］亓莱滨．李克特量表的统计学分析与模糊综合评判［J］．山东科学，2006（02）：18 - 23 + 28.

［203］温忠麟，侯杰泰，Herbert W Marsh. 结构方程模型中调节效应的标准化估计［J］. 心理学报，2008（06）：729 - 736.

［204］周洁红. 农户蔬菜质量安全控制行为及其影响因素分析——基于浙江省 396 户菜农的实证分析［J］. 中国农村经济，2006（11）：25 - 34.

［205］王瑜，应瑞瑶. 养猪户的药物添加剂使用行为及其影响因素分析——基于垂直协作方式的比较研究［J］. 南京农业大学学报（社会科学版），2008（02）：48 - 54.

［206］张忠根，崔宝玉. 扶贫资金漏出问题研究：基于消费者行为理论［J］. 江南大学学报（人文社会科学版），2007（04）：60 - 65.

［207］宾幕容，文孔亮，周发明. 湖区农户畜禽养殖废弃物资源化利用意愿和行为分析——以洞庭湖生态经济区为例［J］. 经济地理，2017，37（09）：185 - 191.

［208］杨柳，朱玉春，任洋. 收入差异视角下农户参与小农水管护意愿分析——基于 TPB 和多群组 SEM 的实证研究［J］. 农村经济，2018（01）：97 - 104.

［209］史恒通，王铮钰，阎亮. 生态认知对农户退耕还林行为的影响——基于计划行为理论与多群组结构方程模型［J］. 中国土地科学，2019，33（03）：42 - 49.

［210］邓正华. 环境友好型农业技术扩散中农户行为研究［D］. 武汉：华中农业大学，2013.

［211］汪文雄，杨海霞. 农地整治权属调整中农户参与的行为机理研究［J］. 华中农业大学学报（社会科学版），2017（05）：108 - 116 + 148 - 149.

［212］程琳，郑军. 菜农质量安全行为实施意愿及其影响因素分析——基于计划行为理论和山东省 497 份农户调查数据［J］. 湖南农业大学学报（社会科学版），2014，15（04）：13 - 20.

[213] 殷志扬，程培堽，王艳，袁小慧．计划行为理论视角下农户土地流转意愿分析——基于江苏省 3 市 15 村 303 户的调查数据 ［J］．湖南农业大学学报（社会科学版），2012，13（03）：1 - 7.

[214] 吴云．西方激励理论的历史演进及其启示 ［J］．学习与探索，1996（06）：88 - 93.

[215] 高峰，董晓峰，李丁，李小英．黄土高原水土保持的参与式监测评估实践 ［J］．人民黄河，2006（01）：69 - 72.

[216] 厉以宁．论社会主义资源配置中的直接补偿和间接补偿 ［J］．河北学刊，1986（03）：60 - 64.

[217] 支玲，李怒云，王娟，孔繁斌．西部退耕还林经济补偿机制研究 ［J］．林业科学，2004（02）：2 - 8.

[218] 支玲，任恒祺，李卫忠．西部退耕还林（草）生态目标的冲突与协调 ［J］．西北林学院学报，2003（03）：103 - 107.

[219] 李文刚，罗剑朝，朱兆婷．退耕还林政策效率与农户激励的博弈均衡分析 ［J］．西北农林科技大学学报（社会科学版），2005（01）：15 - 18.